先进碳基材料

邹建新　丁义超　编著

北　京

冶　金　工　业　出　版　社

2020

内 容 提 要

本书简要介绍了碳基材料的分类及其在航空航天、电子、冶金、化工、海洋、医学、交通等领域的应用,总结并分析了国内外炭资源分布及产业发展现状,详细介绍了碳同素异形体的结构及各种碳基材料的基本性质,全面讲解了炭素材料的生产工艺与装备技术,深入分析了高纯石墨的提纯方法与设备,探讨了石墨烯的制备技术、新工艺与发展趋势,论及了碳纤维的制备工艺、新技术与发展态势,论述了富勒烯的制备工艺、先进技术及进展,深入探讨了碳纳米管的生产技术和发展趋势,展望了传统炭素材料和先进碳基材料的发展前景。

本书可作为碳基材料领域工程技术人员、研发人员及专家学者的参考书籍,也可作为大中专院校的专业教材和炭行业机构的培训教材。

图书在版编目(CIP)数据

先进碳基材料/邹建新,丁义超编著. —北京:冶金工业出版社,2020.10
ISBN 978-7-5024-8619-8

Ⅰ.①先… Ⅱ.①邹… ②丁… Ⅲ.①碳—材料科学—研究 Ⅳ.①TB321

中国版本图书馆 CIP 数据核字(2020)第 201160 号

出 版 人 苏长永
地 址 北京市东城区嵩祝院北巷 39 号 邮编 100009 电话 (010)64027926
网 址 www.cnmip.com.cn 电子信箱 yjcbs@cnmip.com.cn
责任编辑 刘小峰 美术编辑 郑小利 版式设计 孙跃红
责任校对 李 娜 责任印制 李玉山
ISBN 978-7-5024-8619-8
冶金工业出版社出版发行;各地新华书店经销;三河市双峰印刷装订有限公司印刷
2020 年 10 月第 1 版,2020 年 10 月第 1 次印刷
169mm×239mm;11.75 印张;231 千字;176 页
69.00 元

冶金工业出版社 投稿电话 (010)64027932 投稿信箱 tougao@cnmip.com.cn
冶金工业出版社营销中心 电话 (010)64044283 传真 (010)64027893
冶金工业出版社天猫旗舰店 yjgycbs.tmall.com
(本书如有印装质量问题,本社营销中心负责退换)

前　言

　　我国炭资源非常丰富，石墨矿产地共 162 处，查明资源储量 2.59 亿吨。其中，晶质石墨矿 130 处，查明资源储量 2.23 亿吨，占 86%；隐晶质石墨矿 32 处，查明资源储量 0.36 亿吨，占 14%。晶质石墨矿主要分布在黑龙江、山西、四川、山东、内蒙古、河南、湖北、陕西等 20 个省份。隐晶质石墨主要分布在内蒙古、湖南、广东、吉林、陕西等 10 个省份。根据国土资源部资料，全国六大石墨矿产资源市州分别是鹤岗市、鸡西市、攀枝花市、巴彦淖尔市、青岛市、巴中市。中国是世界上最大的石墨生产国，但以生产初级原料和低档产品为主，产量高而产值低，高端石墨及其制品产量低、品种较少。

　　石墨是新能源、国防、军工等现代工业及高新尖技术发展中不可或缺的重要战略资源。高新技术和战略新兴领域为石墨创造了更加广阔的应用空间。高纯石墨的用途越来越广，普通高碳石墨已不能满足新兴产业的快速发展，急需大量的高纯石墨，特别是大规格、高强度、高密度的高纯石墨。石墨烯的出现，为石墨产业发展开拓了新的空间。近年来，石墨烯产业化快速发展，石墨烯纳米薄片、氧化石墨烯和 CVD 石墨烯薄膜的产量持续增长。碳纤维是国防军工与国民经济发展的重要战略物资，从航天、航空、汽车、电子、机械、化工、轻纺等民用工业到运动器材和休闲用品等都获得了广泛应用。富勒烯类化合物在抗 HIV、酶活性抑制、切割 DNA、光动力学治疗等方面有独特的功效，已对化学、物理、材料科学产生了深远的影响，在应用方面显示了诱人的前景。碳纳米管作为一维纳米材料，重量轻，六边形结构连接完美，具有许多异常的力学、电学和化学性能。近些年随着碳纳米管及纳米材料研究的深入，其广阔的应用前景也不断地展现出来。

先进碳基材料特别是石墨烯的诱人前景催生了多个产业联盟，包括中国国际石墨烯资源产业联盟、中国石墨烯产业技术创新战略联盟、石墨烯产业发展联盟、中关村石墨烯产业联盟、四川省石墨烯产业技术创新联盟、京津冀石墨烯产业联盟、西安石墨烯产业技术创新战略联盟等。2017 年，由成都工业学院发起成立的"中国（四川）电炭产业联盟"校企合作共建科技创新平台正式起航，机械工业电炭标准化技术委员会、中国电工技术学会碳-石墨材料专委会、哈尔滨电碳研究所、湖南大学等多家单位参与。

随着碳基材料的飞速发展，炭素、电炭、高纯石墨、石墨烯、碳纤维、富勒烯、碳纳米管产业开始呈现出欣欣向荣的局面，新技术与成本的竞争也越加激烈，产品创新的需求也日益强劲，碳基材料从业人员对技术创新的需求也更迫切。作为研发人员和从事技术创新的工程技术人员，深感身边缺少一本系统性地总结和论述碳基材料的书籍。为此，作者编著了本书，以飨读者，以期为碳基行业尽微薄之力。

本书主要介绍了碳基材料的分类及其在航空、电子、海洋、航天、医学、冶金、化工、交通等领域的应用，总结了国内外炭资源分布及产业发展现状，详细介绍了碳元素同素异形体的结构及各种碳基材料的基本性质，全面述及了炭素材料的生产工艺与装备技术，深入分析了高纯石墨的提纯方法与设备，探讨了石墨烯的制备技术、新工艺与发展趋势，论及了碳纤维的制备工艺、新技术与发展态势，论述了富勒烯的制备工艺、先进技术及进展，深入探讨了碳纳米管的生产技术和发展趋势，展望了传统炭素材料和先进碳基材料的发展前景。所论述的工艺技术问题均是碳基行业人员关注的焦点和难点。

本书的编著是作者在长期的教学、科研、生产活动和技术交流过程中的经验积累和资料积累的基础上完成的。全书编排在结构上以由浅入深、先传统后现代为主线。创新的关键在于理论和技术层面的深层次掌控和突破，对碳基材料开发原理及制备过程的透彻理解是基础和关键。本书所选内容均是炭行业从业人员在生产和科研活动中经常遇到的难点和重点，研究成果取自国内外碳基领域的期刊文献、硕博论文、研究报告等，经作者遍览筛选后再凝练加工而成，这些成果都具有一定的广度和深度。

　　本书由中国（四川）电炭产业联盟、四川省石墨烯产业技术创新联盟、成都工业学院的邹建新、丁义超教授编著，湖南大学涂川俊教授、成都工业学院鲜勇、郭丹、廖婷婷、魏燕红博士参与了部分章节的编撰，全书由邹建新审校和统稿。本书编撰过程中，得到了中建材·攀枝花石墨碳基材料研究院、细鳞片石墨深加工四川省高校重点实验室李玉峰教授的大力支持，提供了一些宝贵资料。本书内容具有实用性和工具性的特色，所介绍的碳基材料主要品种翔实，制备方法有一定广度。本书可作为碳基材料领域研发人员、工程技术人员、专家学者的参考书籍，也可作为大中专院校的专业教材和炭行业机构的培训教材。

　　本书的编著参阅了大量公开和未公开的文献资料，借此向各位作（译）者表示衷心的谢意！这些文献涉及的单位主要有：中科院金属材料研究所、中科院过程工程研究所、湖南大学、中南大学、成都工业学院、四川大学、攀枝花学院、哈尔滨电碳有限责任公司、方大炭素集团、吉林炭素集团、成都炭素公司等。在传统炭材料及先进碳基材料方面，许多专家学者耕耘多年，研究颇深，如安徽工业大学钱湛芬教授、湖南大学蒋文忠教授、武汉科技大学何选明教授、中南大学肖劲教授和黄启忠教授，长期致力于先进炭素材料及碳基材料开发，湖南大学刘洪波教授在石墨层间化合物的合成及碳纤维领域颇有建树，北京化工大学沈曾民教授长期致力于新型碳材料的研究，机械工业电炭标准化技术委员会涂川俊博士对炭材料产业如数家珍。本书涉及文献的作者数量众多，恕不一一列举，更多可参见参考文献和文中内容，这些单位和个人都是碳基材料领域的骨干，具有较深厚的学识和专业功底，在此对他们的辛勤劳动表示衷心的感谢。

　　由于作者水平所限、经验不足，书中难免存在不妥之处，恳请专家和读者不吝赐教、批评指正。

作　者

2019 年 9 月于成都

e-mail：cnzoujx@ sina. com

目　录

1 绪 论

1.1 碳的同素异形体

碳元素的最大特点之一是存在着众多同素异形体。如人们熟悉的金刚石和石墨，前些年发现的卡宾（碳宾、碳烯），以 C_{60} 为代表的富勒烯和碳纳米管等以及最新发现的石墨烯。

到 20 世纪末，已经发现的碳的同素异形体至少有 5 种，即金刚石、石墨、无定形碳、富勒碳及纳米碳等中间型碳、炔碳，后 2 种主要来自人工合成。根据近代对材料结构的分析研究证明，无定形碳也是一种晶体，只是晶体尺寸很小，属于微晶形碳。某些品种的无定形碳（如石油焦、沥青焦、无烟煤）在 2500℃左右的高温下可转化为较完善的石墨晶体结构，导电及导热等物理化学性能明显提高，纯净的石墨在高温高压下可转化为金刚石晶体结构。碳的主要同素异形体如图 1-1 所示。

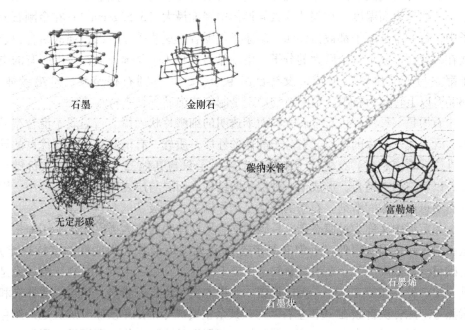

石墨　　金刚石　　碳纳米管　　富勒烯　　无定形碳　　石墨烯　　石墨炔

图 1-1　碳的几种同素异形体

　　碳的同素异形体，其晶体结构和键型都不同。碳的同素异形体系统横跨完全极端且十分不同的范围，化学与物理性质均有差异。以熟知的金刚石与石墨为例，金刚石的每个碳原子与相邻的四个碳原子以共价键连接，形成四面体结构；而石墨中，碳原子呈层状排列，每一层的碳原子以共价键连接形成平面六边形。同素异形体的不同性质是由微观结构的不同所决定的。金刚石、石墨及无定形碳三种同素异形体的结构和性质如表1-1所示。

表1-1　金刚石、石墨及无定形碳三种同素异形体的结构与性质

名　称	金刚石	石墨	无定形炭
杂化电子轨道	sp^3	sp^2	sp
键合形式	单键	双键	三键
构　造	立体（正四面体）	平面（六角网格）	线状
价键长度/nm	0.154	0.142	—
真密度/$g \cdot cm^{-3}$	3.52	2.26	1.9~2.0
莫氏硬度	10	约2	金刚石与石墨之间
导电性	绝缘体	导体	半导体
颜　色	无色透明	黑	银白

　　金刚石是最为坚固的一种碳结构，呈空间网状结构，为面心立方晶体，最终形成了一种硬度大、活性差的固体。金刚石的熔沸点高，熔点超过3500℃，相当于某些恒星表面温度。在碳的同素异形体中密度最大（3.52g/cm³）；在金刚石分子中，每一个碳原子都被另外四个碳原子包围着，这些碳原子以很强的结合力连接在一起，形成了一个巨大的分子。由于钻石中的C—C键很强，所以所有的电子都参与了共价键的形成，没有自由电子，因此金刚石很坚硬，是绝缘体。1800℃以上转换为石墨。金刚石的用途是制作装饰品、钻头材料等。

　　石墨是一种深灰色有金属光泽而不透明的细鳞片状固体。石墨属于混合型晶体，既有原子晶体的性质又有分子晶体的性质，质软，有滑腻感，具有优良的导电性能，熔沸点高。石墨分子中每一个碳原子只与其他三个碳原子以共价键连接，以较强的力结合，形成了一种层状的结构，而层与层之间的结合力较小，因此石墨可以作为润滑剂。石墨的用途是制作铅笔、电极、电车缆线等。

　　无定形碳又称为过渡态碳，是碳的同素异形体中的一大类。无定形碳即指那些石墨化晶化程度很低，近似非晶形态（或无固定形状和周期性的结构规律）的碳材料，如炭黑等。在炭素材料学历史上，曾与石墨、金刚石并立，被认为是碳元素三种存在状态之一。无定形碳一般指木炭、焦炭、骨炭、糖炭、活性炭和炭黑等。除骨炭含碳在10%左右以外，其余主要成分都是单质碳。煤炭是天然存在的无定形碳，其中含有一些由碳、氢、氮等组成的化合物。所谓无定形碳，并

不是指这些物质存在的形状，而是指其内部结构。实际上它们的内部结构并不是真正的无定形体，而是具有和石墨一样结构的晶体，只是由碳原子六角形环状平面形成的层状结构，零乱且不规则，晶体形成有缺陷，而且晶粒微小，含有少量杂质。

C_{60}（富勒烯）是一种完全由碳组成的中空分子，形状呈球形、椭球形、柱形或管状。富勒烯在结构上与石墨很相似，石墨是由六元环组成的石墨烯层堆积而成，而富勒烯不仅含有六元环还有五元环，偶尔还有七元环。

碳纳米管，又名巴基管，是一种具有特殊结构（径向尺寸为纳米量级，轴向尺寸为微米量级，管子两端基本上都封口）的一维量子材料。碳纳米管主要由呈六边形排列的碳原子构成数层到数十层的同轴圆管。层与层之间保持约 0.34nm 的固定距离，直径一般为 2~20nm。并且根据碳六边形沿轴向的不同取向可以将其分成锯齿形、扶手椅形和螺旋形三种。其中螺旋形的碳纳米管具有手性，而锯齿形和扶手椅形的碳纳米管没有手性。碳纳米管作为一维纳米材料，重量轻，六边形结构连接完美，具有许多异常的力学、电学和化学性能。近些年随着碳纳米管及纳米材料研究的深入，其广阔的应用前景也不断地展现出来。

石墨烯是一种二维晶体，最大的特性是其中电子的运动速度达到了光速的 1/300，远远超过了电子在一般导体中的运动速度。常见的石墨是由一层层以蜂窝状有序排列的平面碳原子堆叠而形成的，石墨的层间作用力较弱，很容易互相剥离，形成薄薄的石墨片。当把石墨片剥成单层之后，这种只有一个碳原子厚度的单层就是石墨烯。石墨烯既是最薄的材料，也是最强韧的材料，断裂强度比最好的钢材还要高 200 倍。同时它又有很好的弹性，拉伸幅度能达到自身尺寸的 20%。

蓝丝黛尔石和钻石相同，也是由碳原子组成，但排列方式不同，可经受的压力比钻石高 58%，也就是比钻石硬一半以上。蓝丝黛尔石在自然界中很稀少。因其晶体结构及特性被称作六方金刚石，是一种六方晶系的金刚石，属于碳同素异形体的一种构形，为流星上的石墨在坠入地球时所形成。

直链乙炔碳，也称卡宾（Carbyne）、线型碳，碳的一种同素异形体，具有 $-(C\equiv C)-_n$ 类型的结构。其中每个碳都是 sp 杂化，碳碳单键和三键交替。

1.2 碳与炭的区别和联系

"炭"与"碳"二字既有联系又有区别。

碳：指碳元素、碳单质总体、含碳化合物及其众多的衍生物时，用"碳"表述，如碳元素、碳键、二氧化碳、渗碳、碳水化合物、碳酸盐、碳氢化合物。简而言之，凡对应元素 C 及其相关的衍生词、派生词均用"碳"。

炭：指由碳元素形成的单质，指的是具体物质。主要由碳元素组成，多数为固体材料，如煤炭、焦炭、炭黑、活性炭、炭电极、炭块等。简而言之，以含碳元素为主的其他物质和材料则用"炭"。

　　"炭""碳"区分早在 20 世纪 80 年代，我国煤炭科学界老前辈黄启震就经过仔细考证，追本溯源，对炭与碳的起源、用法以及当时存在的两者混用的原因做了详尽论述，提出了正确区分使用的建议。随后国内炭材料界的同仁大多数认同了这一建议，特别是国内重要学术刊物"新型炭材料"在 20 世纪末改版时更明确了这一点。"炭"是古代已有的汉字，早见于后汉"说文解字"中，在"碳"字出现之前，不管是天然炭（煤炭）还是人造炭（木炭）都用的是"炭"字。"碳"字则是在 20 世纪 30 年代，随着近代自然科学发展，特别是化学元素的发现和发展才在我国出现的，当时民国政府教育部在"化学命名原则"中，明确将元素周期表中原子序数第 6 号的"C"命名为非金属类中的"碳"。基于上述原则，"全国科学名词审定委员会"早在 2003 年 4 月便提出了征求意见稿。

　　"碳化"是指溶液中通过 CO_2 生成碳及碳酸盐的过程，而"炭化"指有机物热解后生成"炭"的过程。"炭材料"一般指有机物炭化后形成的材料，如炭纤维、炭电极、活性炭等；"碳材料"则指含碳元素在 99.9% 以上的物质，如碳纳米管、碳 60 等。

1.3　碳基材料与炭素材料的区别和联系

　　炭素材料通常是指以碳元素为主体构成的材料，对应于第一类传统碳材料。因此，狭义上讲，碳基材料等同于炭素材料，但广义上来说，碳基材料还包括新型碳材料和纳米碳材料。炭素材料的主要化学成分是碳，但还含有氢、氧、硫，甚至金属等其他元素。其中氢这一元素，不管选用什么原料，在制造过程中，热处理的温度不管高到什么程度，也始终是不能完全除掉的。什么样的物质才叫炭素材料？对这一问题，国际炭素术语与表征委员会，曾经有过较长时间的讨论。E. Fitzer 曾建议 C/H 原子比大于 10 的、以碳为主要成分的固体物质，才可以称为炭素材料。人们日常所称的炭素材料是指大工业生产中的传统碳材料，如石墨电极、自焙电极、炭砖、电刷等。

　　炭素材料又常称作炭材料，其定义通常为：主要以煤、石油或它们的加工产物等（主要为有机物质）作为主要原料经过一系列加工处理过程得到的一种非金属材料，其主要成分是碳。广义上看，金刚石、石墨、卡宾都属于炭材料，这是一个广义的定义，但由于金刚石和卡宾在自然界存在非常少，结构也单一，不像石墨那样具有众多的过渡态中间结构（如焦炭、CF、煤炭、炭黑、木炭等）；狭义上看，炭材料一般是指类石墨材料，即以 sp^2 杂化轨道为主构成的炭材料，从无定形碳到石墨晶体的所有中间结构物质（过渡态碳），它是由有机化合物炭化制得的人造炭。类石墨材料的主要成分为石墨质碳的固体材料，其余的炭材料主要成分为非石墨质碳的固体材料[1]。

"炭素材料"与"炭素制品"的区别与联系。炭素材料是个总称，包括炭素原料和炭素制品，如炭素工业使用的石油焦、无烟煤、天然石墨属炭素原料；炭素原料经加工制成具有一定形状及物化性质的产品称炭素制品（如炭质电极、石墨电极、炭纤维）。

电炭材料是指以碳和石墨为基体的一种特殊功能的电工材料，属于炭素材料的一个重要分支。可用于制造电工设备的固定电接触或转动电接触的零部件等电炭制品，例如，用于电机的电刷、电力开关和继电器的石墨触头。此外，还用于弧光放电的石墨电极（即金属冶炼用超高功率电极）、金属冶炼用石墨坩埚、光谱分析用的炭棒、炭膜、炭电阻、炭和石墨电热元件、干电池炭棒、大型电子管石墨阳极和栅极等。

1.4 炭素与石墨的区别和联系

由于炭素材料与石墨材料在外观和特性上有较多的相似点，现实中容易混淆。工业上常用的炭素制品，是指使用无定形碳原料（例如煤炭、石油焦、沥青焦等）提纯后的炭制品。随着原料和加工工艺的不同，这类炭素制品中的碳元素晶体结构含的石墨晶体结构比例会有所不同。一般来说是含石墨晶体结构成分越多，碳的纯度越高，性能和价格就越高。由于炭素材料与石墨材料本质上的区别并不大，很多炭素制品也被冠以了"石墨XX"的称谓。这也是石墨和炭素两个词汇概念产生混淆的根源。例如炼钢工业中常用的大型电极称为"石墨电极"，其实它是炭素制品，并非真正意义上的石墨制成的电极。从外观形式上说，常见炭素制品体积较大，如冶金用电极、冶炼炉的内衬砖（炭素块）、炭素散热器等。

石墨有天然石墨和人造石墨之分。天然石墨矿又分为土状石墨和鳞片石墨，其中鳞片石墨是更为优质的天然石墨。人造石墨则是指将属于无定形碳分类的炭素材料进行深加工，提高了碳的纯度，进一步增加了石墨状晶体结构的比例后获得的石墨材料。石墨材料跟炭素材料一样可以制成电极、耐火材料等工业品。但是由于其具有更多的优异特性，在许多高端领域都有应用，例如耐高温润滑剂、电池材料包覆改性等。石墨在工业上运用极广，几乎每个行业都会用到。工业上多用的是人造石墨，也就是特种石墨，按其成型的方式可分为以下几种：（1）等静压石墨，也就是很多人叫的三高石墨，但是并不是三高就是等静压；（2）模压石墨；（3）挤压石墨，多为电极材料[2]。

1.5 碳基材料的分类

从分子结构上，碳基材料一般分为传统碳材料、新型碳材料、纳米碳材料共三类。典型的碳基材料如图1-2所示。

传统碳材料（Classic carbons）主要包括：木炭、竹炭（Charcoals）、活性炭

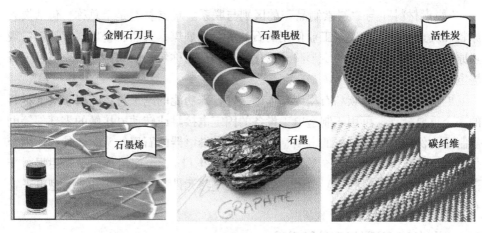

图 1-2　几种典型的碳基材料

（Activated carbons）、炭黑（Carbon blacks）、焦炭（Coke）、天然石墨（Natural graphite）、天然金刚石（Natural diamond）等。

新型碳材料（New carbons）主要包括：金刚石功能材料（薄膜、纳米）、石墨层间化合物、碳纤维（Carbons fibers）、多孔炭（Porous carbons）、玻璃炭（Glass-like carbons）、柔性石墨（Flexible graphite）、核石墨（Nuclear graphite）等。

纳米碳材料（Nano carbons）主要包括：富勒烯（Fullerene）、碳纳米管（Carbon Nanotubes）、纳米金刚石（Nanodiamond）、石墨烯（Graphene）。

从用途上，碳基材料包括结构碳材料和功能碳材料两种。结构碳材料主要用在以力学性能为主要特点的场合，其构件主要用于承受力的作用，如 PAN 碳纤维、中间沥青基碳纤维。

功能碳材料用在以导电、导热、高温隔热、吸附、耐高温、耐摩擦、高强刀具等为主，主要发挥力学性能以外的功能的场合。包括（1）导电：石墨电极、导电炭黑、碳纤维地暖线；（2）导热：高导热石墨、泡沫炭、导热碳纤维；（3）隔热：炭毡、泡沫炭、石墨砖；（4）吸附：活性炭、活性炭纤维；（5）耐高温：碳陶复合材料，碳碳复合材料如火箭喉衬、鼻锥；（6）摩擦材料：碳碳复合材料，如飞机刹车片；（7）润滑材料：鳞片石墨；（8）刀具：金刚石刀具。

从工业上，碳基材料主要包括：（1）碳纤维及制品：可用作结构材料的增强剂，或直接作为轻质结构材料，如自行车、网球拍等强韧性合金材料；（2）电炭：作为金属冶炼用超高功率电极、金属冶炼用石墨坩埚、各种电机的电刷、电池用电极材料等；（3）核石墨：作为中子减速剂、内壁防辐射材料等；（4）活性炭：是通过化学试剂、水蒸气、二氧化碳等弱氧化剂刻蚀或模板法制备的多孔炭材料的总称，用于液相、气相吸附或催化剂载体，包括活性炭纤维布、活性炭纤维毡、粒状活性炭、球状活性炭等；（5）炭黑：可作为墨的原料——"烟炱"，《梦溪笔谈》中描述为"黑光如漆，松烟不及也"；（6）其他功能型碳材料。

1.6 炭素制品的分类

炭素制品按产品用途可分为石墨电极类、炭块类、石墨阳极类、炭电极类、糊类、电炭类、炭素纤维类、特种石墨类、石墨热交换器类等。根据允许使用电流密度大小，可将石墨电极类分为普通功率石墨电极、高功率电极、超高功率电极[3]。炭块按用途可分为高炉炭块、铝用炭块、电炉块等。炭素制品按加工深度高低可分为炭制品、石墨制品、炭纤维和石墨纤维等。炭素制品按原料和生产工艺不同，可分为石墨制品、炭制品、炭素纤维、特种石墨制品等。炭素制品按其灰分大小，又可分为多灰制品和少灰制品（含灰分低于1%），如图1-3所示。

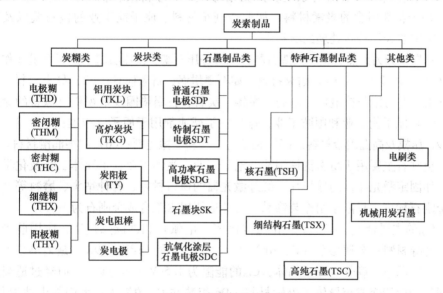

图 1-3　炭素制品的分类

我国炭素制品的国家技术标准和部颁技术标准是按产品不同的用途和不同的生产工艺过程进行分类的。这种分类方法，基本上反映了产品的不同用途和不同生产过程，也便于进行核算，因此其计算方法也采用这种分类标准。

1.7 碳的应用领域

碳在不同行业的应用领域如下。机械工业：轴承、密封元件、制动元件等；电子工业：电极、电波屏蔽、电子元件等；电器工业：电刷、集电体、触点等；航空航天：结构材料及绝热、耐烧蚀材料等；核能工业：反射材料、屏蔽材料等；冶金工业：电极、发热元件、坩埚、模具等；化学工业：化工设备、过滤器等；体育器材：球杆、球拍、自行车等。

工业上传统的炭素材料不仅广泛应用于冶金、化工、交通、印刷等行业，而且在航空、电子、海洋、航天、医学等领域也可作为工程和结构材料。归纳如下：（1）导电材料，包括各种石墨电极、炭砖、电刷。（2）结构材料，在汽车部件、自行车支杆、球拍等领域使用。（3）耐火与导热材料。在无氧条件下，它可在1000℃以上，甚至高达2000℃的温度下使用，也可作为保温毡（隔热）、电路基板（导热）、笔记本、电脑、手机、幻灯散热器（导热）、发热体（导热）。（4）润滑材料，在管道、传动轴领域使用，可作为飞机刹车盘、战车、高速列车、汽车用刹车片，还可作为密封材料、电刷材料。（5）吸附剂材料，如脱氧气专用活性炭、室内空气净化专用竹活性炭、污水处理专用活性炭等。（6）医用炭素材料，在心血管系统、修复结缔组织、牙科及骨伤外科中广泛应用。（7）用于特殊用途的炭素材料，如航空刹车材料、原子能工业的核石墨以及军工和宇宙航天用特殊处理的材料等[4]。

石墨可分为天然石墨和人造石墨，如等静压石墨、模压石墨、挤压石墨（作电极材料）。用途如下：（1）耐火材料，如石墨坩埚、石墨模具；（2）导电材料，在电气工业上用作制造电极、电刷、炭棒、炭管、石墨垫圈及电视机显像管的涂层等；（3）原子能工业和国防工业，作为中子减速剂用于原子反应堆；（4）铸造、翻砂、压模及高温冶金材料；（5）铅笔芯、颜料、抛光剂；（6）耐磨润滑材料。

金刚石主要用于精密机械制造、电子工业、光学工业、半导体工业及化学工业，如固定激光器件的散热片、红外激光器的窗口材料、各种钻头、磨料等。天然金刚石稀少，只限于用作装饰品，工业应用以人工合成金刚石为主。

C_{60}的主要合成法有石墨气化法（激光、电弧）和纯碳燃烧法，应用前景广阔。超导材料：金属掺杂（K，Rb）的C_{60}插层合物（18K，29K）是最早令人关注的。室温下富勒烯是分子晶体，C_{60}的能隙为1.5eV（半导体），但经过适当的金属掺杂后能变成超导体。磁性材料：Dy组装在C_{80}的笼内；太阳能电池材料：PCBM，C_{60}的有机衍生物，由于它的溶解性很好，电子迁移率很高等优点常用于有机太阳能电池的电子受体标准物；催化剂材料：有机官能团改性，此外还有医学、光学领域。富勒烯的合成成本很高，其潜在的应用还在不断的探索中。

碳纳米管可用于储氢，其原理为吸附。氢气的吸附和脱附可在常温进行，只要改变压力即可；储氢量大，纯净单壁碳纳米管达5.0%~10%（一般7.4%），符合美国能源部的标准（质量分数，6.4%）。碳纳米管还可在化学传感器中应用。由于碳纳米管暴露在NO_2和NH_3时，电导发生明显的增加或减小，奠定了其在气体化学传感器应用的基础。Kong J等人测定了单壁碳纳米管（SWNT）在NO_2和NH_3通过时，碳纳米管电导随电压的变化情况。结果表明，NO_2电导上升3个数量级，NH_3电导下降2个数量级，碳纳米管可应用于环境中NO_2和NH_3的监测。

石墨烯是由碳原子以 sp^2 杂化连接的单原子层构成的，其理论厚度仅为
0.35nm，是目前所发现的最薄的二维材料，是构建其他维数碳材料（如零维富
勒烯、一维 CNTs、三维石墨）的基本单元。石墨烯作为硅的替代品材料来制作
晶体管器件是让科学家们颇为期待的一项重要应用，也是最受关注的领域之一。
石墨烯可替代硅生产超级计算机、光子传感器、液晶显示材料、新一代太阳能电
池。石墨烯拥有比硅更高的载流子迁移率，且电子在石墨烯中的运动会产生很少
的热量，使用石墨烯作为基质生产的处理器能够达到 1THz（即 1000GHz）。石墨
烯还可制成能够折叠的显示器。目前用于制作太阳能电池窗口电极、显示器和触
摸屏等器件的材料是铟锡氧化物半导体透明薄膜（ITO），但铟在地球上含量有
限，同时 ITO 材料在近红外光区的透光性比较差，不利于制造柔性器件。石墨烯
不仅具有非常高的导电性，且拥有更高的强度和更好的韧性，能制成可弯曲折叠
的显示屏，被认为是替代 ITO 的合适材料。

1.8 碳基材料的发展史

碳基材料的发展经历了四个阶段。第一代：5 千至 1 万年前；第二代：19 世
纪；第三代：第二次世界大战后；第四代：20 世纪 80 年代中叶以后。

第一代碳基材料使用天然物质加热，利用炭的化学性质，作为燃料和还原剂
炼铜和炼铁；第二代碳基材料是烧结炭材料，利用炭的物理性质（导电、耐热、
耐腐蚀、耐摩擦等），用于炭砖、炼钢、炼铝等，包括电极、电刷、各种机械、
化工用炭、原子反应堆用炭；第三代碳基材料是以碳纤维（CF）为代表的新型
炭材料（结构和功能材料），是炭材料的大发展时期，也是炭科学形成的时
期[5]；第四代碳基材料包括：富勒烯、碳纳米管、碳纳米洋葱（富勒洋葱）、碳
包覆纳米金属晶、碳气凝胶、多孔炭、石墨烯等，如图 1-4 所示。

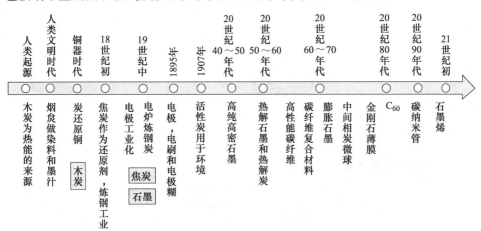

图 1-4 碳基材料的发展史

参 考 文 献

[1] 钱湛芬. 炭素工艺学 [M]. 北京：冶金工业出版社，2001.

[2] 蒋文忠. 炭素工艺学 [M]. 北京：冶金工业出版社，2009.

[3] 何选明，王世杰. 炭素工艺学 [M]. 北京：冶金工业出版社，2018.

[4] 刘风琴. 铝用炭素生产技术 [M]. 长沙：中南大学出版社，2010.

[5] 滕瑜，宋群玲，李瑛娟. 新型炭素材料加工技术 [M]. 北京：冶金工业出版社，2018.

2 炭资源与产业

<<<<<<<<<<<<<<<<<<<<<<<<<<<<<<<<<<<<<<<<<<<<<<<<<<<<<<<<<<<<<<<<

2.1 石墨矿产资源储量

2.1.1 全球石墨矿产资源储量

据美国地质调查局资料，自 2009 年以来，世界石墨经济可采储量处于增长趋势，2014 年为 8143 万吨。中国石墨经济可采储量几十年来一直居世界首位，占世界 70%以上。但近年来由于巴西、印度等国储量的迅速增加，中国石墨经济可采储量在世界的比重降低（表 2-1）。

表 2-1　2009~2014 年世界石墨经济可采储量统计　　　（万吨）

国家和地区	经济可采储量	2009 年	2010 年	2011 年	2012 年	2013 年	2014 年
巴西	经济可采储量	36	36	36	36	5800	4000
	占比/%	0.62	0.62	0.67	0.76	57.72	51.00
中国	经济可采储量	4230	4167	3162	2536	2445	2339.61
	占比/%	72.56	72.26	59.19	53.77	24.33	29.82
印度	经济可采储量	520	520	1100	1100	1100	1100
	占比/%	8.92	9.02	20.59	23.32	10.95	14.02
墨西哥	经济可采储量	310	310	310	310	310	310
	占比/%	5.32	5.38	5.80	6.57	3.08	3.95
马达加斯加	经济可采储量	94	94	94	94	94	94
	占比/%	1.61	1.63	1.76	1.99	0.94	1.20
其他	经济可采储量	640	640	640	640	300	300
	占比/%	10.98	11.10	11.98	13.57	2.99	3.68
世界总计（经济可采储量）		5831	5768	5343	4717	10049	8143

资料来源：美国地质调查局 2014 Mineral Commodity Summaries，中国石墨经济可采储量数据进行了更正，数据来源于中国自然资源部《全国矿产资源储量通报（2009~2014 年）》。

全球晶质（鳞片）石墨主要蕴藏在中国、乌克兰、斯里兰卡、马达加斯加、巴西等；隐晶质（土状）石墨矿主要分布在中国、印度、墨西哥和奥地利等。多数国家只蕴藏一种石墨，矿床规模以中小型居多，只有中国、巴西、朝鲜等

4~5个国家同时蕴藏晶质和隐晶质石墨。

2.1.2 中国石墨矿产资源储量

截至2014年底，我国共查明石墨矿产地162处，查明资源储量2.59亿吨。其中：晶质石墨矿130处，查明资源储量2.23亿吨，占86%；隐晶质石墨矿32处，查明资源储量0.36亿吨，占14%。晶质石墨矿主要分布在黑龙江、山西、四川、山东、内蒙古、河南、湖北、陕西等20个省份，详见表2-2。隐晶质石墨主要分布在内蒙古、湖南、广东、吉林、陕西等10个省份。详见表2-3。总体来说，根据自然资源部统计，全国六大石墨矿产资源市州分别是鹤岗市、鸡西市、攀枝花市、巴彦淖尔市、青岛市、巴中市[1]。

表2-2 2014年我国晶质石墨资源储量表　　　　　　　（万吨）

地区	矿区数	基础储量		资源量	查明资源储量	资源储量占比/%
			经济可采储量			
全国	130	4128.95	1807.56	18197.56	22326.85	
河北	7	8.38		38.66	47.04	0.21
山西	7	97.5	39	1839.1	1936.6	8.67
内蒙古	11	1038.28	157.6	790.32	1828.6	8.19
辽宁	2	28	4.3	29.4	57.4	0.26
吉林	7	88.66	76.76	145.8	234.46	1.05
黑龙江	24	1876.64	1153.4	9738.99	11615.63	52.03
安徽	1			17.1	17.1	0.08
福建	3	32.2	19.3	104.55	136.75	0.61
江西	2			272.1	272.1	1.22
山东	20	144.52	125.62	1468.08	1612.6	7.22
河南	9	318.5		532.63	851.13	3.81
湖北	7	61.64	5.6	242.22	303.86	1.36
广东	1	17.1		18.4	35.5	0.16
海南	3	8	6.4	45.2	53.2	0.24
四川	5	274.4	199.28	1821.03	2095.43	9.39
云南	2	44.4		199.3	243.7	1.09
陕西	10			677.51	677.51	3.03
甘肃	4	67.13	20.3	35.38	102.51	0.46
青海	3			180.06	180.06	0.81
新疆	2	23.6		2.07	25.67	0.11

资料来源：自然资源部《全国矿产资源储量通报（2014年)》。

表 2-3 2014 年我国隐晶质石墨资源储量表 （万吨）

地区	矿区数	基础储量		资源量	查明资源储量	资源储量占比/%
			经济可采储量			
全国	32	809.73	532.05	2744.61	3554.34	
北京	2			10.2	10.2	0.29
内蒙古	3	114.68		1301.35	1416.03	39.84
辽宁	1	0.14		0.37	0.51	0.01
吉林	4	131.04	104.79	161.88	292.92	8.24
安徽	1	0.4		8.8	9.2	0.26
福建	9	38.48	24.18	104.23	142.71	4.02
山东	1			155.16	155.16	4.37
湖南	5	364.63	282.63	588.45	953.08	26.81
广东	4			383.85	383.85	10.80
陕西	2	160.36	120.45	30.32	190.68	5.36

资料来源：自然资源部《全国矿产资源储量通报（2014 年）》。

其中，四川省攀枝花和巴中南江（坪河、尖山和庙坪成矿带）两个地区石墨均为晶质石墨矿。四川省累计查明石墨矿物量 3655 万吨，其中攀枝花 2962 万吨，占四川省石墨矿物量的 81%（品位 8%~18%），巴中南江（坪河、尖山和庙坪成矿带）693 万吨（品位 14%~35%），占全省石墨矿物量的 19%。依据地质资料显示，正在探矿中的巴中南江（坪河、庙坪）石墨矿资源矿石储量超 1.3 亿吨。

2.2 石墨产业

2.2.1 全球天然石墨生产现状

目前世界上有十多个国家开采石墨矿产，中国是最大石墨生产国，也是最大出口国。2015 年，中国占世界石墨产量的 65.5%。除中国外，世界上主要开发利用石墨的国家有印度、巴西、加拿大、朝鲜、俄罗斯等国[2]。近几年世界天然石墨产量统计如表 2-4 所示。

2.2.2 世界天然石墨应用状况

根据英国 Roskill 公司数据，世界天然石墨的应用领域分布如图 2-1 所示。近

表 2-4　2010~2015 年世界石墨产量

国家和地区	产量/kt					
	2010 年	2011 年	2012 年	2013 年	2014 年	2015 年
中国	700	800	820	750	780	780
印度	140	150	160	170	170	170
巴西	92.6	105	88	95	80	80
朝鲜	34	30	30	30	30	30
加拿大	20	25	24	20	30	30
土耳其	0	5.2	5.2	5	30	32
俄罗斯	14	14	14	14	14	15
墨西哥	7	7	7	7	8	22
乌克兰	6	6	6	6	6	5
津巴布韦	4	7	6	4	6	7
马达加斯加	5	4	4	4	5	5
挪威	2	2	2	2	2	8
斯里兰卡	3	4	4	4	4	4
其他国家	1	1	1	1	1	1
合计	1030	1180	1170	1110	1170	1190

两年来，世界石墨应用结构变化不大。预计未来石墨使用的主要增长领域是高技术产业，如新能源、半导体材料领域、锂电池、燃料电池等领域[3]。

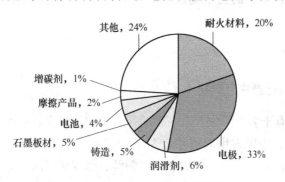

图 2-1　2019 年世界石墨应用领域分布

中国是世界最大的石墨应用国家，约占世界用量的 50%，其他主要石墨应用国家包括美国、德国、韩国、法国、日本和英国等，约占世界用量的 30%。

2.2.3 中国石墨生产与使用情况

中国是世界上最大的石墨生产国，以生产初级原料和低档产品为主，产量高产值低，高端石墨及其制品产量低、品种少。2015年，中国石墨产量为78万吨，其中晶质石墨约50万吨，隐晶质石墨约28万吨。目前我国石墨已形成五大生产加工基地：（1）以山东青岛石墨股份公司为代表的山东莱西、平度晶质石墨生产加工基地；（2）以黑龙江鸡西柳毛石墨矿为代表的鸡西晶质石墨生产加工基地；（3）以黑龙江省萝北县为主的云山地区晶质石墨矿生产加工基地；（4）以内蒙古兴和为主的兴和晶质石墨生产加工基地；（5）以湖南鲁塘为主的隐晶质石墨矿生产加工基地，如表2-5所示。

表2-5 我国现有石墨主要产地情况介绍

名称	湖南郴州	黑龙江鸡西	黑龙江鹤岗	内蒙古	山东青岛
主要分布	鲁塘镇	恒山区、麻山区等	萝北县	兴和县、乌拉特中旗	平度市、莱西县
石墨类型	隐晶质	晶质	晶质	晶质	晶质
结晶程度	粉末状	大、中鳞片	大、中鳞片	大、中鳞片	大、中鳞片

2015年，中国石墨使用量约63.4万吨，用于钢铁冶金和耐火材料工业占总量的42%，用于铸造业占总量的12%，其他类别占46%。2019年，中国石墨使用量接近100万吨，包含锂电池、铅笔、导热材料、密封材料、润滑材料等。2002~2015年，我国天然石墨使用量由43.3万吨增加到63.4万吨，2019年接近百万吨，总体处于增长态势。

2.2.4 中国石墨加工技术水平

20世纪80年代前，我国石墨产业只有采矿、选矿、初级提纯工艺，技术水平严重落后于国外。90年代末开始，在锂离子电池产业的带动下，我国开始注重石墨深加工，发展球形石墨、负极材料产品。目前，我国初步拥有石墨深度加工、精细加工表面处理技术，金属、塑料与石墨的复合技术，超细纳米石墨、石墨合金粉末、液体石墨、石墨溶胶制备技术等。这些技术可应用于锂离子电池电极、燃料电池极板、导电过滤石墨纸、导电橡胶、水域油污吸附材料、电磁屏蔽材料、石墨导电乳胶漆、石墨泡沫材料、催化剂载体、石墨合金轴承等方面产品的制造[4]。

德国、法国、美国、瑞士、日本等国家基本垄断了石墨深加工的先进技术和知识产权，利用我国廉价的原料，加工先进石墨材料，并对我国进行技术封锁。与发达国家相比，我国石墨深加工产业仍有较大差距，表现为产业链短、产品附加值低、高科技产品少，在石墨功能材料生产和应用领域与发达国家相比差距明显，特别是氟化石墨、超高纯石墨、核石墨等。

2.3　我国石墨行业发展存在的主要问题与技术发展方向

主要问题：

（1）开采无序。目前我国约有近千家石墨企业，石墨行业采富弃贫、粗放经营、管理水平低的现象比较普遍，开采和加工呈现无序化状态。

（2）深加工技术落后。我国尚未掌握石墨深加工核心技术，很多石墨企业仅是将开采出来的石墨进行简单的选矿和加工后进行销售，先进石墨加工技术被美、日、欧盟等少数国家和地区垄断，这些国家对我国实行技术封锁，引进极为困难。

（3）矿业权设置分散。目前国内大部分矿区前期设置石墨采矿权时未充分考虑矿体的自然禀赋特征，矿业权设置分散，人为随意切割、分块，多数为中小型矿，且矿业权之间存在平面重叠问题。

（4）环境污染严重。由于我国石墨矿山企业以中小型居多，资金、技术、设备、采选工艺等都比较落后。生产过程的水污染、石墨粉尘的空气污染和尾矿坝溃坝是石墨行业面临的重大环境问题。目前，部分企业选矿依然沿用成本较低的氢氟酸法。

技术发展方向：

（1）石墨采选矿。相比金属矿种，石墨的采选矿设备比较简单，但是由于产业效益低，资金缺乏，选矿设备长期没有更新换代。为应对当前发达国家技术封锁和我国石墨产业发展水平落后的问题，应采取自主研发结合集成创新的方式，设计建设先进的石墨采选矿生产线，提高能耗、回收率、大鳞片保护、水资源节约利用、尾矿处理等技术经济指标。

（2）石墨提纯。我国已拥有环保节能的先进酸碱法和高温提纯技术。建议针对资源特点，建设不同类型的规模化石墨提纯生产线；严格限制化学提纯中氢氟酸的使用。

（3）锂电天然石墨负极材料。我国已有企业从事鳞片石墨球形化后制备负极材料，但规模及产品质量还不能满足锂电池快速发展的需求。建议依托资源，加快锂电天然石墨负极材料的规模化生产；针对不同档次电池需求研发不同品质负极材料，使产品系列化；研发安全、长寿命的天然石墨动力型、储能型电池负极材料。

（4）石墨高导热材料。电子设备的小型化要求电子器件的集成度越来越高，使得散热成为 IT 产业的一个关键技术，对轻质高导热材料需求越来越大。利用天然石墨的优良导热性，可制备出导热性与铜相当或更高而密度只有铜1/4 的高导热材料。天然基石墨高导热材料已广泛用于 OLED 显示器及许多电子产品。

（5）各向同性石墨。各向同性石墨广泛应用于核能、硅晶制备、电火花加工、连续铸钢、航空航天等领域，是石墨材料的高端产品和战略物资。目前我国所需的各向同性石墨2/3依靠进口。传统技术制备各向同性石墨技术复杂、成本高。隐晶石墨矿物颗粒本身具有各向同性，是制备各向同性石墨的最佳选择，且工艺简单、成本较低。

（6）柔性石墨。我国柔性石墨的生产已经具有一定规模且与国外先进企业有多项合作，但多为中低端产品，品种规格不到国外的1/5。建议针对使用要求研发高端产品，完善品种规格，使之系列化、标准化。

（7）膨胀石墨。在治理水体的油品、有机物污染上，膨胀石墨远比普通活性炭更为有效和经济。我国在膨胀石墨对水体污染的吸附治理方面已拥有大量的技术成果，但膨胀石墨不便运输，需要在应用现场制备，使膨胀石墨环保材料的制备、使用、回收、再生等仍有一定的技术难度。

2.4　石墨市场前景

石墨产业发展的总体趋势如下：

石墨是新能源、国防、军工等现代工业及高新尖技术发展中不可或缺的重要战略资源。特别是石墨烯的出现，为石墨产业发展开拓了新的空间。预计2016～2030年，石墨增速为4.62%，如表2-6所示。其中，耐火材料（镁碳砖）、炼钢（增碳剂）增速呈下降趋势。铸造、密闭材料、摩擦材料、铅笔、油墨呈平稳增长趋势，预测新能源、新能源汽车等增长速度最快，为20%，石墨烯、军工等新材料领域增长10%。

表2-6　各行业石墨需求增速预测　　　　　　　　　　　　（%）

石墨消费结构	消费比例	2015～2020年增速	2021～2030年预测增速
耐火材料（镁碳砖）、炼钢（增碳剂）	42	-3	-1
铸造	12	3	2
摩擦材料及润滑材料	10	3	1
密封材料和导热材料	5	2	1
铅笔及油墨	6	1	0
锂离子电池、燃料电池等领域	15	20	10
石墨烯、军工、新材料等	10	10	5
预测增速（2021～2030年）	4.62		

以2015年我国石墨使用量63.4万吨为需求预测基数，2016～2030年石墨需求量及预测需求趋势如图2-2所示。2020年石墨需求量将达到80万吨，2025年将达到100万吨，2030年将达到125万吨，尤其对天然鳞片石墨（晶质石墨）

的需求量将会大幅提高。未来核反应堆、锂离子电池、石墨烯都需要消耗大量的晶质石墨。其中锂离子电池负极材料用天然石墨将有大幅提升[5]。

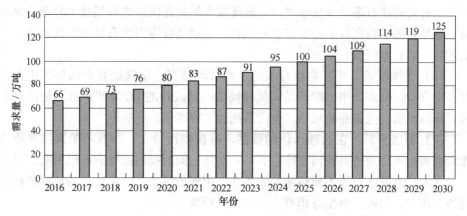

图 2-2　石墨未来需求量预测

（1）高纯石墨。随着科学技术的不断进步，高纯石墨的用途越来越广，普通高碳石墨已不能满足新兴产业的快速发展，急需大量的高纯石墨，特别是大规格、高强度、高密度的高纯石墨。据 2018 年不完全统计，我国规模以上高纯石墨生产企业数量达到 30 家，产能普遍在 2000~3000t/a，但产能利用率偏低，高纯石墨产量 4 万吨左右，同期我国高纯石墨年需求量 20 万吨左右。国外，美国、日本、德国等国的企业以其技术优势在高纯石墨领域占据领先地位。目前，我国高纯石墨勉强只能达到纯度 99.95%，而纯度 99.99% 及以上的产品全部依赖进口。

（2）钢铁、建材等行业用石墨。由于电弧炉炼钢的发展，国内石墨电极市场每年以 10%~15% 的速度增长。目前国内电极市场的特点是：RP（普通功率）电极产量很大，供大于求，HP（高功率）电极产量略大于供，UHP（超高功率）电极技术含量高，管理要求高，节能效果好。因此，UHP 电极有着良好的发展前景。目前，我国电炉炼钢比例只有 10% 左右，随着社会环保意识的加强和政府对二氧化碳排放的限制，我国电炉钢产量及比例将大幅度提高，在"十四五"期间，电炉钢比例将至少翻一番，年增速达到 20% 以上，对超高功率石墨电极的需求将稳步提升。此外，石墨还是建材行业浮法玻璃生产线中高纯石墨制品、生态空调叶脉板、石墨地暖散热片的主要原材料，市场前景广阔。

（3）新能源用石墨：

1）锂离子电池用石墨。我国锂离子电池发展迅速，新能源汽车是锂离子电池增长的主要因素，作为动力电池的核心部件，锂离子电池 90% 的负极材料采用天然石墨或人造石墨生产，未来 20 年，石墨作为生产负极材料的主要原材料很难被其他材料替代。以高性能智能手机为代表的消费型电子行业和新能源电动汽车行业的发展将助推储能材料产业的快速发展，天然石墨在负极材料中的应用日渐增长。根据《汽车行业"十三五"规划》，2020 年，新能源汽车要形成规模，纯电动汽车和插电式混合动力汽车要达到 200 万辆，需锂离子电池约 105GW·h，按一辆电动车需要消耗 45kg 碳酸锂、11kg 钴、50kg 石墨计算，到 2020 年，新能源汽车需要石墨 10 万吨。同时考虑电子产品用小型电池以及储能电池需求，锂离子电池用石墨需求将超过 20 万吨以上[6]。

2）太阳能产业用石墨。石墨在光伏太阳能行业主要应用于单晶硅、多晶硅的提纯生产，具体包括多晶硅制造用热场、单晶硅拉制用热场、硅晶片用架子等用途。目前我国已是全球最大的多晶硅生产与消费国。未来 5 年，全球光伏电池组件装机容量在政策驱动下仍将继续保持高速增长。根据目前实际生产情况进行测算，单晶硅电池、多晶硅电池每 GW 装机容量耗用石墨分别约 3034t 和 234t，到 2020 年，光伏产业用石墨将超 5.6 万吨。

3）核石墨。石墨是中子的慢化剂和优良的反射剂，其自身的诸多优良特性使得它成为核工业领域关键材料之一。在高温气冷堆中，炭材料是不可缺少的减速材料、反射材料和结构材料。高温气冷堆需要大量的高级石墨材料，可以说没有核石墨材料就无法建成高温气冷堆。在高温气冷堆中由于用氦气作为冷却剂，用炭素及陶瓷材料作为燃料的包覆材料，用石墨或炭质材料作为减速材料和炉芯结构材料，可以把接近 1000℃ 的高温气体导出反应堆外作为能源使用。按照《能源发展战略行动计划（2014~2020）》的设定，若要在 2020 年完成非化石能源比例达 15% 的目标，其中核电规模至少达到 8600 万千瓦以上，而目前国内已建成的核电装机量只有 1000 万千瓦，在建的约有 2800 万千瓦。

（4）电子信息用石墨。无论是智能手机、平板电脑或者其他数码产品厂商，都迫切需要一种高可靠性的散热材料。利用天然晶质石墨经化学处理，再经高温膨胀轧制压延形成的石墨导热膜，具有极高的导热性，比任何金属材质的导热系数都要高出许多，是目前世界上已知的物质中导热性最好的材料，并且可以沿水平方向和垂直方向同时导热。这种石墨材料不仅有利于电子器件小型化、微型化和功率化，而且还使其轻型化、薄型化、使用便捷化，发展前景十分广阔。同时导热性好的石墨散热片也成为大功率 LED 产业中重要的散热材料。LED 是倍受世界各国推崇的新一代绿色光源，2020 年，全球 LED 照明市场预计以年均 20.36% 的增速增长，渗透率达到 63.9%，大大拉动了石墨散热片的发展。

（5）石墨烯材料用石墨。石墨烯凭借着优异的性能，未来应用前景广阔。目前对石墨烯质量要求宽松的产品已进入产业化进程，如石墨烯锂电池导电添加剂、涂料、导热膜等。在"十三五"期间，部分高质量的石墨烯产品实现了产业化，如石墨烯超级电容、触摸屏、电子器件导电电极等。据预测，全球石墨烯市场在

2023 年将达到 13 亿美元, 主要用于超级电容器领域、触摸屏领域、结构材料领域、传感器和高性能计算机五个领域。2018~2023 年, 年均复合增长率为 47.1%。

（6）其他领域用石墨。石墨在金属连铸、人造金刚石、电火花加工、模具加工、密封件等领域均有应用。同时, 随着特种石墨和其他行业的技术进步, 石墨的应用领域进一步拓展, 例如超高温、光纤和晶体制造及特种材料制造等。

2.5　国内外石墨行业重点企业

（1）美国 GrafTech International Ltd.。简称 GTI 公司, 总部位于美国, 始建于 1886 年, 是一家拥有超过 125 年石墨行业经验、世界上最大的天然、合成石墨和碳基产品制造服务商之一, 也是世界上最大的石墨电极生产者, 年产能 19.5 万吨。在四大洲有 18 个工厂, 在中国的北京和上海设有办事处。

（2）德国西格里集团（SGL）。西格里集团是全球领先的炭素石墨材料以及相关产品的制造商之一, 拥有从炭石墨产品到碳纤维及复合材料在内的完整产业链, 具有 100 多年的发展历程。致力于石墨电极、细颗粒石墨、天然膨胀石墨的研发与制造, 在全球拥有 42 个生产基地。研究重点是石墨电极、电池用石墨、碳纤维等产品。

（3）日本炭素股份有限公司（Nippon Carbon Co.，Ltd.）。成立于 1915 年, 总部位于东京, 是一家专业从事高纯石墨、超高纯各向同性石墨、石墨电极、负性材料等产品的企业。主要业务板块包括碳纤维、石墨电极、碳化硅、电池负性材料等。

（4）方大炭素新材料科技股份有限公司。方大炭素新材料科技股份有限公司（简称"方大炭素"）是世界领先的石墨电极及炭素制品的专业化生产基地, 是亚洲最大的炭素制品生产供应基地, 炭素制品综合生产能力达到 23 万吨, 其中石墨电极 20 万吨, 炭砖 3 万吨。可提供四大系列、38 个品种、126 种规格产品。主导产品石墨电极的年产量 16 万吨, 40% 出口海外市场。拥有抚顺炭素、成都蓉光、合肥炭素、北京方大、抚顺莱河矿业等子公司, 已成为中国最大的民营炭素企业, 是亚洲第一、世界前列的优质炭素制品生产基地。主要业务包括石墨电极、等静压石墨、炭砖、特种石墨制品、负极材料、电热膜等。主要产能分布如表 2-7 所示。

表 2-7　方大炭素主要产能分布

产品产量	企　　业			
	方大炭素	抚顺炭素	成都蓉光	合肥炭素
石墨电极/t	110000	35000	15000	20000
炭砖/t	30000			

（5）深圳市贝特瑞新能源材料股份有限公司。这是由中国宝安集团控股的一家锂离子二次电池用新能源材料专业化生产厂家，是全球最大的锂离子电池负极材料供应商，全球唯一拥有负极材料完整产业链的企业。公司于 2000 年成立，2004 年成为上市公司，在深圳市光明新区建有贝特瑞新能源材料工业园，惠州建有贝特瑞工业园，在天津拥有中间相碳微球加工基地，在鸡西拥有鸡西石墨工业园。

2.6 国内炭素行业现状

炭素行业是国家的重要原材料工业，由于其优良特性，在很多特殊领域是任何金属和非金属材料都替代不了的特殊材料，是典型的循环经济产业。2018 年，我国炭素市场进入新的发展阶段，炭素行业包括上下游的产能同时进入扩张期，全国石墨电极产能为 90 万吨，生产企业近 200 家。加入中国炭素行业协会的有 173 家，全年产量达到 65 万吨，其中，方大炭素生产石墨炭素制品 18 万吨（其中，石墨电极 15.9 万吨，炭砖 1.8 万吨）。全国预焙阳极产量为 263 万吨，矿热炉用炭（石墨）电极产量为 12.7 万吨，特种石墨产量为 3.55 万吨，糊类产品产量为 47.1 万吨，炭块类产品产量为 7.55 万吨。

从竞争格局来看，截至 2019 年，炭素行业仍处于分散竞争阶段，但伴随竞争加剧，中小企业逐渐因市场、政策、资金等原因遭到淘汰，炭素行业集中度有望进一步提高。尽管方大炭素引领行业发展，但炭素行业尚未形成绝对领导力量。从行业产品发展趋势来看，石墨电极向超高功率电极发展是未来趋势。随着超高功率电弧炉需求的增加，超高功率石墨电极也将获得进一步的发展空间。相比普通功率的电弧炉，大容量超高功率电弧炉的劳动效率更高，综合成本相对更低。从行业政策环境来看，中国炭素行业协会已于 2019 年 3 月发布了 T/ZGTS 001—2019《炭素工业大气污染物排放标准》，并于 2019 年 9 月 1 日正式实施。该标准的发布意味着行业的环保要求趋严，将给行业的发展带来压力[7]。中国炭素行业协会单位会员名单如表 2-8 所示（截至 2019 年 9 月），该名单代表了国内主要碳基材料企业。

表 2-8 中国炭素行业协会单位会员

序号	公司名称	序号	公司名称
1	方大炭素新材料科技股份有限公司（H）	8	山东八三石墨新材料厂（C）
2	吉林炭素有限公司（F）	9	河南三力炭素集团有限公司（C）
3	南通扬子炭素有限公司（F）	10	大同能源发展有限公司炭素分公司（C）
4	中国平煤神马集团开封炭素有限公司（F）	11	新郑市豫电炭石墨制品有限公司（C）
5	大同新成新材料股份有限公司（F）	12	广西强强炭素股份有限公司（C）
6	索通发展股份有限公司（F）	13	成都炭素有限责任公司（C）
7	河北顺天电极有限公司（F）	14	抚顺炭素有限责任公司（C）

序号	公司名称	序号	公司名称
15	合肥炭素有限责任公司（C）	52	林州市宏鑫电炭有限公司（L）
16	成都蓉光炭素股份有限公司（C）	53	平顶山东方炭素股份有限公司（L）
17	山西三元炭素有限责任公司（C）	54	镇江焦化煤气集团有限公司（L）
18	河南方圆炭素集团（C）	55	内蒙古华瑞炭素科技有限公司（L）
19	山西西姆东海炭素材料有限公司（C）	56	抚顺方大高新材料有限公司（L）
20	河北联冠智能环保设备有限公司（C）	57	四川广汉士达炭素股份有限公司（L）
21	林州市电力炭素有限公司（C）	58	济南万瑞炭素有限责任公司（L）
22	山东华鹏精机股份有限公司（C）	59	江苏舜天高新炭材有限公司（L）
23	北京西玛通科技有限公司（C）	60	南方石墨有限公司（L）
24	河南省钢铁工业协会炭素行业分会（C）	61	贵阳铝镁设计研究院（L）
25	兰州阳光炭素集团公司（C）	62	沈阳铝镁设计研究院（L）
26	丹东鑫兴炭素有限公司（C）	63	上海鑫椤网络科技有限公司（L）
27	焦作市东星炭电极有限公司（C）	64	石家庄市华南炭素厂（L）
28	焦作市中州炭素有限责任公司（C）	65	济宁炭素集团有限公司（L）
29	介休志尧炭素有限公司（C）	66	温州东南炭制品有限公司（L）
30	中钢集团新型材料（浙江）有限公司（L）	67	平顶山市博翔炭素有限公司（L）
31	辽阳炭素有限公司（L）	68	湖南顶立科技有限公司（L）
32	天津龙汇碳石墨制品有限公司（L）	69	宝泰隆新材料股份有限公司（L）
33	河南红旗渠新材料有限公司（L）	70	山东京阳科技股份有限公司（L）
34	黑龙江鑫源炭素有限责任公司（L）	71	江苏嘉明炭素新材料有限公司（L）
35	山西宏特煤化工有限公司（L）	72	北京华索科技股份有限公司（L）
36	唐山金湾特碳石墨有限公司（L）	73	湖南明大新型炭材料有限公司（L）
37	山东恒煜石墨科技有限公司（L）	74	吉林市北洋炭素炉窑有限公司
38	济南澳海炭素有限公司（L）	75	吉林市薛氏炭素机械设备制造有限责任公司
39	江苏晨光数控机床有限公司（L）	76	四川都江堰西马炭素有限公司
40	乌兰察布市福兴炭素有限公司（L）	77	四川槽渔滩水电股份有限公司炭素厂
41	邯郸市华源炭素有限公司（L）	78	成都市天府石墨坩埚有限公司
42	兴和县木子炭素有限责任公司（L）	79	登封市丰实冶金材料有限公司
43	天津市静海县利源炭素制品有限公司（L）	80	潍坊联兴炭素有限公司
44	临邑县鲁北炭素有限公司（L）	81	邯郸市中轩炭素有限公司
45	山西晋阳炭素股份有限公司（L）	82	宁夏永威炭业有限责任公司
46	汨罗市鑫祥炭素制品有限公司（L）	83	中钢集团鞍山热能研究院有限公司
47	河南天利炭素材料有限公司（L）	84	青海长春炭素有限公司
48	新乡超力炭素有限公司（L）	85	山东平阴丰源炭素有限责任公司
49	河南科峰炭材料有限公司（L）	86	旭日精密炭素（大连）有限公司
50	吉林市松江炭素有限公司（L）	87	廊坊奂慧炭化技术有限公司
51	山西丹源炭素股份有限公司（L）	88	重庆东星高温材料有限公司

序号	公司名称	序号	公司名称
89	吉林恒升化工有限公司	126	济南华阳炭素有限公司
90	山西长治县山河巨能有限责任公司	127	葫芦岛市坤芜石化有限公司
91	阳城县东方炭素有限责任公司	128	大同市立山炭材有限公司
92	山东万乔集团有限公司	129	天津兆基能源进出口有限公司
93	大连西姆五矿有限公司	130	埃肯炭素（中国）有限公司
94	上海恒洋仪表科技有限公司	131	湖南省长宁炭素股份有限公司
95	沈阳何氏炭素炉窑设计所	132	湖南星城石墨科技股份有限公司
96	洛阳新安电力集团万基石墨制品有限公司	133	河北义东炭素制品有限公司
97	美卓矿机（天津）国际贸易有限公司	134	天津中建热载体设备有限公司
98	江苏省盐城市锅炉制造有限公司	135	日照海辰环保科技有限公司
99	北京沃尔德金刚石工具股份有限公司	136	浙江宏电环保科技有限公司
100	开原锅炉制造有限责任公司	137	宝丰县五星石墨有限公司
101	天津合兴碳化化工有限公司	138	河南科特尔机械制造有限公司
102	考伯斯（中国）炭素化工有限公司	139	河南省碧易克实业有限公司
103	山西盂县西小坪耐火材料有限公司	140	平顶山市天宝炭素制造有限公司
104	林州市裕通炭素有限公司	141	河南金河石墨集团有限公司
105	青岛创佳铜业有限公司	142	广汉市雄峰庆炭业有限公司
106	平顶山市开元特种石墨有限公司	143	大同市腾扬科技有限公司
107	济南海川投资集团有限公司	144	河北瑞通炭素股份有限公司
108	抚顺市东方炭素有限公司	145	北京陇悦矿业有限公司
109	锦州巨路石化有限公司	146	山西三贤新能源股份有限公司
110	宝丰县洁石炭素材料有限公司	147	山西豪仑科化工有限公司
111	鞍山开炭热能新材料有限公司	148	济南亘高环保设备有限公司
112	彭州市兴源炭素有限责任公司	149	林州市立信炭素有限公司
113	武钢焦化协力炭素制品有限公司	150	山东益大新材料有限公司
114	晋中市宏兴炭素有限公司	151	盐城市翔盛碳纤维科技有限公司
115	郑州长城冶金设备有限公司	152	山西沁新能源集团股份有限公司
116	平顶山三基炭素有限责任公司	153	宝方炭材料科技有限公司
117	沈阳津沃技术发展有限责任公司	154	上海杉杉科技有限公司
118	大同宇林德石墨设备股份有限公司	155	河北华辰炭素有限公司
119	南宫市聚纯炭素有限公司	156	乌兰察布市旭峰炭素科技有限公司
120	山东科华重工科技有限公司	157	黑龙江长盛炭素有限责任公司
121	贵州兰鑫石墨机电设备制造有限公司	158	大连双骥科技发展有限公司
122	河北利英炭素机械有限公司	159	巴中意科炭素股份有限公司
123	淄博市鲁中耐火材料有限公司	160	山东清源炭素有限公司
124	河南开炭新材料有限公司	161	四川目伦新材料科技有限公司
125	河南豫中起重集团有限公司	162	北京吉天骄冶金制品有限公司

序号	公司名称	序号	公司名称
163	郑州市净天环保设备有限公司	169	湖北卫蓝九州环保科技有限公司
164	巴中超欧新材料科技有限公司	170	江苏华晖环保科技有限公司
165	廊坊中英石棉化工有限公司	171	江西宁新新材料股份有限公司
166	赞皇海渡商贸有限公司	172	重庆江东机械有限责任公司
167	山西聚贤石墨新材料有限公司	173	河南黎明重工科技股份有限公司
168	石棉县集能新材料有限公司		

注：（II）为会长单位；（F）为副会长单位；（C）为常务理事单位；（L）为理事单位。

2.7　石墨烯产业化进程

石墨烯是由一个碳原子与周围三个近邻碳原子结合形成蜂窝状结构的碳原子单层。石墨烯材料是指由石墨烯作为结构单元堆垛而成的，层数少于 10 层，可独立存在或进一步组装而成的碳材料统称。过去的十几年见证了石墨烯研究和产业化的飞速进步。目前，石墨烯产业化和工业化仍然面临诸多挑战和问题。以史为鉴，回顾碳纤维的产业发展可知，材料的质量决定其应用：从最初的碳纤维只能用于钓鱼竿等到现在在航天领域占据不可替代的位置，正是碳纤维材料制备规模和技术的不断提升推动了碳纤维在不同领域的用途[8]。因此，石墨烯产业只有扎根于材料制备方面努力，才有美好未来。石墨烯产业现状如图 2-3 所示。

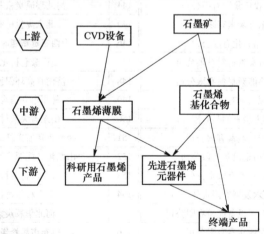

图 2-3　石墨烯产业现状

2.8　我国石墨烯产业园简介

中国是目前石墨烯研究和应用开发最为活跃的国家之一。中国申请的石墨烯专利数量最多，已超过 2200 项，占全世界的 1/3。在工业和信息化部拟定《促进新材料产业健康发展指导意见》中，石墨烯被列为重点新材料。在"十四五"科技发展规划中，有关石墨烯研发及应用的内容将占据重要位置。

2011 年 10 月，江苏常州成立了江南石墨烯研究院，为国内首个基于石墨烯材料及应用的产业化基地。2017 年，四川省制定了《四川省石墨烯等先进碳材料产业发展指南（2017-2025）》。四川省石墨烯等先进碳材料部分产品已经产业化，具备进一步发展石墨烯等先进碳材料的产业基础。中科院成都有机所已建成 10 吨/年石墨烯的生产线，其纳米石墨片产品已应用于新能源汽车电池。德阳烯碳科技有限公司是国内最早掌握石墨烯规模化制备技术的高科技企业之一，公司现有 30 吨/年石墨烯粉体生产装置。成都创威新材料有限公司已建成世界第一条 10 吨/年的石墨烯橡胶复合材料生产线。绵阳麦斯威尔科技公司已形成 300 吨/年石墨烯高端特种涂料中试生产线。四川环碳科技有限公司已实现功能化石墨烯复合材料的低成本、小批量生产，目前已建成 10 吨/年功能化石墨烯复合材料生产线。大英聚能科技发展有限公司已建成高比表面活性炭材料百吨级产业化装置，与电子科技大学等进行合作，开发了低温插层法生产特种石墨烯产业化技术，并应用于超级电容电池的开发与生产，目前已建成 20 吨/年石墨烯生产线。四川省政府提出了到 2025 年，基本建立完备的石墨烯等先进碳材料产业体系，重点产品的生产及应用市场规模居全国前列，石墨烯、石墨烯导电浆料、石墨烯润滑油等产品产量达到千吨级的目标[9]。

国内主要的石墨烯产业园包括：常州石墨烯科技产业园，青岛石墨烯产业园区，重庆石墨烯产业园，宁波石墨烯产业园区，无锡石墨烯产业园区，江西共青城石墨烯产业园，南京石墨烯创新中心暨产业园，哈尔滨石墨烯产业基地，厦门石墨烯工业化量产基地，北京石墨烯产业创新中心，四川省石墨烯产业示范园等。

参 考 文 献

[1] 王广驹. 世界石墨生产、消费及国际贸易 [J]. 中国非金属矿工业导刊，2016（1）：61-65.

[2] 颜玲亚. 世界天然石墨资源消费及国际贸易 [J]. 中国非金属矿工业导刊，2014（2）：33-37.

[3] 张福良. 中国石墨产业发展现状及未来展望 [J]. 炭素技术，2015（5）：1-5.

[4] 康永. 中国石墨烯产业发展政策动向及趋势 [J]. 上海建材，2015（2）：16-19.

[5] 高天明. 中国天然石墨未来需求与发展展望 [J]. 资源科学，2015（5）：1059-1063.

[6] 攀枝花市经济和信息化委员会. 攀枝花市石墨产业发展规划 [R]. 2017.

[7] 邹建新，彭富昌，徐国印. 全球石墨资源及攀枝花石墨烯产业发展的思考 [J]. 攀枝花科技与信息，2016（1）：1-5.

[8] 四川省经济和信息化委员会. 四川省石墨烯等先进碳材料产业发展指南（2017-2025）[R]. 2017.

[9] 中国炭素行业协会. 中国主要炭素企业名录 [EB/OL].

3 碳及炭材料的基本性质

<<<<<<<<<<<<<<<<<<<<<<<<<<<<<<<<<<<<<<<<<<<<<<<<<<<<<<<<<<<<<<<<<<<<<<<<<<<<<<<<

3.1 元素性质

碳元素是六号元素，原子量为 12.01，原子序数为 6，元素符号为 C，电子分布状态为：$1s^2 2s^2 2p^2$，具有独特的电子结构。其原子最外层有四个价电子，C 原子除了可以 sp^3 杂化轨道形成单键外，还能以 sp^2 及 sp 杂化轨道形成稳定的双键和三键，可以和各种原子形成共价键，从而形成许许多多结构和性质完全不同的物质。C 元素基本性质数据如图 3-1 所示。

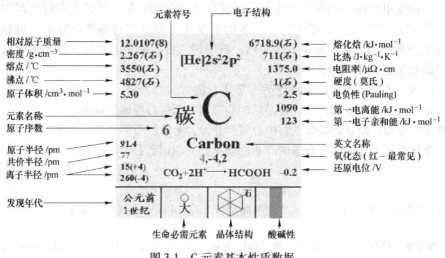

图 3-1　C 元素基本性质数据

碳的基态电子结构：$1s^2 2s^2 2p^2$，基态的原子价为二价，但在许多化合物中碳多为四价。形成共价键时一个 2s 电子被激发跃迁到 2p 轨道上形成具有成键能力的四个价电子：$1s^2 2s 2p_x 2p_y 2p_z$。四个不成对电子，成键能力高，使碳原子的杂化有三种价态：sp^3、sp^2、sp。四种结晶碳的基本晶体参数如表 3-1 所示。

在 C、Si、Ge、Sn、Pb 构成的碳族元素中，由于 C 的原子半径最小，电负性最大，电离能也最高，故共价键 C—C 键能也非常大，且无 d 轨道，所以 C 与本族其他元素之间的差异较大，主要表现在：其配位数仅限于 4，碳的成键能力最强，原子间能形成多重键。碳原子的杂化轨道包括 sp^3（正四面体）、sp^2（正三角形）、sp（直线形）共三种，如图 3-2 所示。

表 3-1 四种结晶碳的基本参数

碳	原子杂化态	键型	晶系	密度/g·cm⁻³
金刚石	sp^3	4σ	立方	3.51
石墨	sp^2	$3\sigma1\pi$	六方	2.265
			菱面	2.29
卡宾	sp	$2\sigma2\pi$	六方（α）	2.68
			六方（β）	3.13
富勒烯 C_{60}	变形 sp^2	$3\sigma1\pi$	立方	1.678

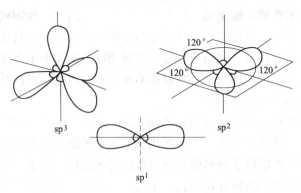

图 3-2 碳原子的杂化轨道

3.2 石墨与金刚石的转化

碳在石墨与金刚石之间的转化区域如图 3-3 所示。其中，A：石墨催化转化

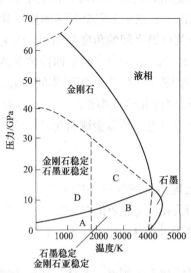

图 3-3 石墨与金刚石之间的转化区域

为金刚石的区域；B：石墨自发快速转化为金刚石的区域；C：金刚石自发快速转化为石墨的区域；D：石墨自发缓慢转化为金刚石的区域[1]。

3.3 炭材料的表观性质

各种类型炭物质具有的性质几乎包括地球上所有的性质，有的甚至是完全对立的性质。如下所示：最硬（金刚石）→软（石墨）；绝缘体（金刚石）→半导体（石墨）→良导体（热解石墨）；绝热体（石墨层间）→良导热体（金刚石、石墨层内）；全吸光（石墨）→全透光（金刚石、石墨烯）。

炭材料的基本性质：跟金属一样具有导电性、导热性；和陶瓷一样耐热、耐腐蚀；和有机高分子一样质量轻，分子结构多样；另外，还具有比模量、比强度高，振动衰减率小，以及生体适应性好，具滑动性和减速中子等性能。这些都是三大固体材料金属、陶瓷和高分子材料所不具备的。因此，炭及其复合材料被认为是人类必需的第四类原材料[2]。

石墨的基本性质是由其独特的结构决定的：石墨中的碳原子是成层排列的，同一层内的每一个碳原子用3个电子跟相邻的3个碳原子以共价单键结合，键长都是0.142nm。这些碳原子排列成平面的六角网状结构，很多碳原子组成相互平行的平面，使整个晶体构成片层结构，不同层之间的距离是0.335nm。层和层之间相邻碳原子以范德华力相连。因此石墨片层之间容易滑动，石墨晶体容易裂成鳞状薄片。碳原子中的第四个电子形成比较复杂的键，所以，石墨能导电、导热。

金刚石结构的原型是金刚石的晶体结构。在金刚石晶体中，每个碳原子的4个价电子以sp^3杂化的方式，形成4个完全等同的原子轨道，与最相邻的4个碳原子形成共价键。这4个共价键之间的角度都相等，约为109°28′，精确值为arccos(-1/3)，这样形成由5个碳原子构成的正四面体结构单元，其中4个碳原子位于正四面体的顶点，1个碳原子位于正四面体的中心。因为共价键难以变形，C—C键能大，所以金刚石硬度和熔点都很高，化学稳定性好。共价键中的电子被束缚在化学键中不能参与导电，所以金刚石是绝缘体，不导电。

3.4 碳的结构

根据原子的轨道杂化理论，三种基本的同素异构体：金刚石、石墨与卡宾碳，它们的结构如图3-4所示。其他杂化方式还有：富勒烯和碳纳米管中碳的杂化方式为sp^{2+s}，s的值大于0小于1，即sp^n，$3 > n > 2$，C_x中，$x=60$，70，84，…（当$x=\infty$时，$n=2$）。

碳的结构可分为规则性和不规则性，晶体属于规则性，乱层结构属于不规则性，如图3-5所示。金刚石的结构中，晶胞为面心立方，键长0.1554nm，键

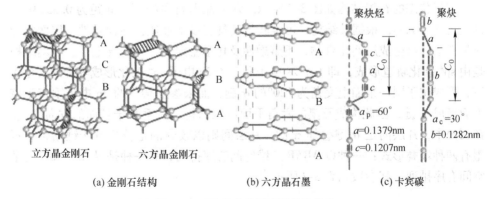

图 3-4　三种基本的同素异构体结构

角为 $109°28'$，晶格参数为：$N=8$，$a=0.357\text{nm}$，理论密度为 3.5362g/cm^3，如图 3-6 所示。根据其结构，可推断出其具有以下性质：密度最大，理论密度为 3.54g/cm^3，硬度最高，莫氏硬度为 10，熔点高，折射率高，电绝缘体[3]。

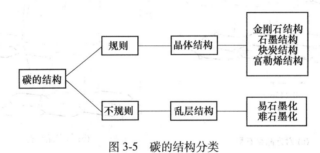

图 3-5　碳的结构分类

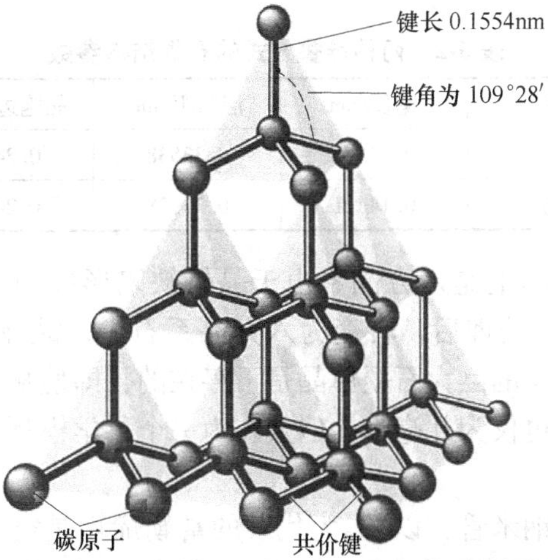

图 3-6　金刚石的结构

理想状态的石墨结构如图 3-7 所示。六方晶形石墨的片层间距为 0.3354nm，键长为 0.142nm，根据其结构，可推断出其具有以下性质：各向异性，层面间相对易滑动，可生成层间化合物，不熔融性及化学稳定性，具有导电性。石墨结构是由 sp^2 杂化轨道形成，即 1 个 2s 电子和 2 个 2p 电子 sp^2 杂化形成等价的杂化轨道，形成位于同一平面上交角为 120°的 σ 键，而未参加杂化的 2p 电子垂直于该平面形成 π 键，由此构成石墨的六角平面网状结构，以垂直于基面的方向堆叠。在石墨中，片层内是 σ 键叠加 π 键，片层间则以较弱的范德华分子键结合。石墨有两种堆叠形式：一种以 ABAB 三维空间有序排列；另一种是以 ABCABC 三维空间有序排列，其参数如表 3-2 所示[4]。

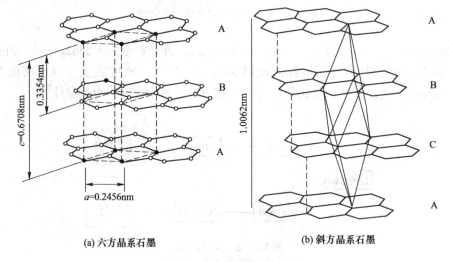

(a) 六方晶系石墨　　　　　　(b) 斜方晶系石墨

图 3-7　理想的石墨结构

表 3-2　两种堆叠方式的石墨结构参数

堆叠方式	晶系	键长/nm	层间距/nm	晶胞边长/nm	晶胞高/nm
AB AB	六方	0.14211	0.33538	0.24612	0.67079
ABC ABC	斜方	0.14211	0.33538	0.24612	0.67079

斜方晶系石墨实际上是六方晶系由于晶体缺陷形成的，其在天然石墨中占 20%~30%，经 3000℃ 处理后，转变为六方晶系石墨，故在人造石墨中不存在。具有理想石墨晶体结构的巨大石墨单晶是不存在的，即使从天然鳞片石墨中精选出来的单晶，其尺寸也仅为几毫米。但其作为一个科学模型，对炭素材料来说具有重要的指导意义。

针对富勒烯和碳纳米管，以 C_{60} 为代表的富勒烯均是空心球形构型，碳原子分别以五元环和六元环而构成球状。如 C_{60} 就是由 12 个正五边形和 20 个正六边形组成的三十二面体，像一个足球。每个五边形均被 5 个六边形包围，而每个六边形则邻接着 3 个五边形和 3 个六边形。C_{60}结构如图 3-8 所示。

富勒烯的发现得益于碳原子簇的研究，1985
年，克罗托等人在用激光轰击石墨靶，做碳的气化
实验时发现了一种 60 个碳原子组成的稳定原子簇，
就是后来的 C_{60}。C_{60}的结构为由 20 个正六角环和 12
个正五角环组成的笼形结构，其中每个正五角环被
正六角环所分隔开。后来人们发现大多数偶数碳原
子簇都可以形成封闭笼形结构，其中五角环数恒定
为 12 个，六圆环数则因笼的大小而定。五种最典型
的稳定化的富勒烯结构为 C_{32}、C_{44}、C_{50}、C_{60}、C_{70}。
最近报道 C_{76}、C_{84}也为稳定分子，并认为可能存在
如 C_{180}、C_{240}等碳原子数更大的富勒烯成员。

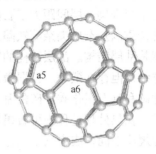

C_{60}分子的单键和双键

图 3-8 C_{60}结构

C_{60}分子具有很高的对称性，人们将其描述为平面截正 20 面体形成的 32 面
体，直径为 0.71nm。C_{60}具有 60 个顶角，每个顶角为两个正六角环和一个正五角
环的汇聚点，在每个顶角上有一个碳原子，每个碳原子以两个单键、一个双键与
相邻的三个碳原子相连接。每个六角环，C 与 C 之间以 sp^2 杂化轨道形成共轭双
键，而在笼的内外表面都被 π 电子云所覆盖。整个分子是芳香性的。C_{70}的结构
为 12 个五角环和 25 个六角环围成的 37 面体，碳原子占据 70 个顶角位置，有的
是 2 个六角环和 1 个五角环的汇聚点，有的为三个六角环的汇聚点。

碳纳米管是由石墨中的碳原子卷曲而成的管状的材料，管的直径一般为几纳
米（最小为 1 纳米左右）到几十纳米，管的厚度仅为几纳米。实际上，碳纳米管
可以形象地看成是类似于极细的铁丝网卷成的一个空心圆柱状的长"笼子"。碳
纳米管的直径十分微小，十几万个碳管排起来才有人的一根头发丝宽，而碳纳米
管的长度却可到达 100μm。碳纳米管结构如图 3-9 所示。

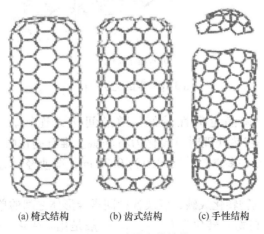

(a) 椅式结构   (b) 齿式结构   (c) 手性结构

图 3-9 碳纳米管结构

　　针对乱层结构的碳，通过 XRD 表征方法可以发现，其六角平面不完整，近似平行堆砌，层间距大于石墨，无宏观晶体，存在微晶。这些空洞、位错、边缘含杂质以及杂质夹杂等缺陷，它们连接成波浪形层面，近似平行堆积的结构，这就是乱层结构。乱层结构的特点是堆积层数少、层间距大于理想石墨、无宏观晶体结构但存在微晶。根据微晶聚集状态，具有乱层结构的炭素材料可分为可石墨化碳和难石墨化碳。碳的乱层结构如图 3-10 所示。无定形碳就是典型的乱层结构。在热处理过程中可石墨化碳与难石墨化碳的层间距 d_{002} 和堆积层厚度 L_c 的变化规律不同，成为判断区分它们的标准。乱层结构的判定：采用石墨化度指标 G 判定，理想石墨晶体的 $G=100\%$，完全不可石墨化的 $G=0$，任何一种炭素材料的 $G=(0.344-d_{002})/(0.344-0.3354)\times100\%$。

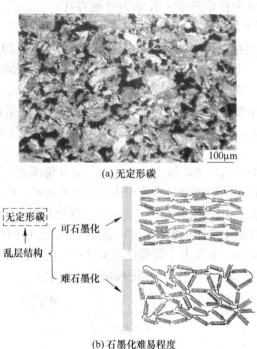

(a) 无定形碳

(b) 石墨化难易程度

图 3-10　碳的乱层结构

　　可石墨化碳中微晶定向性较好，微晶间交叉连接较少，层间距约为 0.344nm。对其进一步热处理时可转化为石墨碳。难石墨化碳中微晶定向性差，微晶间交叉连接，有许多空隙，层间距为 0.37nm，即使经高温热处理，也不可能成为石墨碳[5]。

　　实验室中，有机物转化成碳，以及各种同素异形体之间的单质碳转化过程如图 3-11 所示。从有机物 C 转化为无机物 C，一般是化学变化，而石墨、金刚石、富勒烯等无机物 C 之间的转化一般通过物理手段完成[6]。

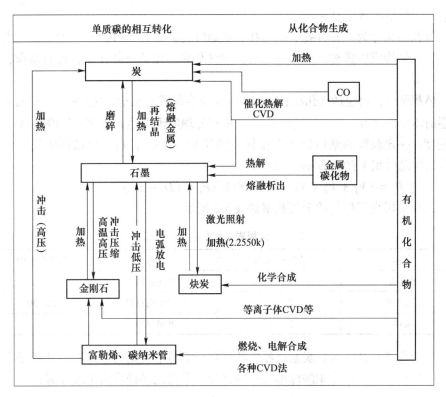

图 3-11 有机物转化成碳及各种同素异形体的单质碳转化的示意图

3.5 碳的物理性质

碳的密度分为真密度、体积密度和堆积密度三种。

真密度：指不包括气孔和裂隙在内的单位容积实体碳的质量。真密度反映炭素材料的石墨化度，较精确的测定方法是采用 X 射线衍射法测定其晶格常数 a 和 c，然后按下式计算：

$$D_t = \frac{mN}{v}$$

式中　D_t——真密度，g/cm^3；

　　　m——碳原子质量，$1.65963 \times 10^{-24} g$；

　　　N——单位晶格中碳原子数，$N=4$；

　　　v——单位晶格的体积容积，$a^2 \sin 60° c$，μm^3。

理想石墨的真密度 D_t 为 $2.265 g/cm^3$，人造石墨由于晶体缺陷的存在一般为 $2.16 \sim 2.23 g/cm^3$，核石墨、热解石墨也可达到 $2.24 \sim 2.25 g/cm^3$。在实际生产中，常用溶剂置换法来测定真密度，但由于溶剂无法进入闭孔，故其测定值往往低于

X 射线衍射法的测定结果。

气孔结构分为：开气孔、闭气孔、贯通气孔；微孔、过渡孔、大孔。炭素材料的气孔结构应以多种参数综合描述，如气孔率、孔径及其分布、比表面积、形状因子等。

体积密度：指包括气孔和裂隙在内的单位容积碳的质量，$D_v = m/V$。一般人造石墨的体积密度为 1.50~1.75g/cm³，经特殊处理后也可达到 1.90~2.20g/cm³。堆积密度：一定粒级的颗粒料的单位体积的质量。气孔率 P_t：指试样中气孔体积 V_x 占试样总体积 V 的百分率。

$$P_t = (V_1 + V_2 + V_3)/V \times 100\% \; ; P_t = (D_t - D_v)/D_t \times 100\%$$

几种常用炭素材料的全气孔率如表 3-3 所示。

表 3-3　常用炭素材料的全气孔率

名称	全气孔率/%	名称	全气孔率/%
炭电极	17~25	过滤材料	17~25
石墨电极	22~30	浸渍结构材料	22~30
炭块	15~20	电炭材料	15~20

关于孔径及其分布。炭素材料中的气孔一般是不规则的，此时的孔径是指与不规则气孔具有相同体积的球形气孔的直径。平均孔半径可由下式计算：

$$\bar{r} = \frac{3P_t}{SD_v}$$

式中　$\bar{r}$——平均孔半径，cm；

　　　P_t——全气孔率，%；

　　　S——比表面积，cm²/g；

　　　D_v——体积密度，g/cm³。

孔径有时也采用与不规则孔具有相同体积的圆柱形气孔的底面半径表示。孔特征的描述，除了要说明其孔径外还需说明孔径分布，用孔径分布函数表示。

关于气体渗透率。炭素材料为多孔材料，所以在一定压力下，气体可以透过。气体在多孔材料中的流动形式有三种：（1）黏性流动。常压下，气体在较大孔径（孔径大于通过材料气体的平均自由程）内的流动属于黏性流动；（2）滑动流动。气体压力减小，气体分子的平均自由程接近孔径时，呈滑动流动；（3）自由流动。气体在毛细管内流动，且压力不大时，气体分子的平均自由程大于孔径，产生分子自由流动[7]。

一般炭素材料的气体渗透率根据达尔塞定律，按下式计算：

$$K = \frac{QL}{\Delta PA}$$

式中　K——气体渗透率，cm^2/s；

　　　Q——压力-体积流速，$MPa \cdot cm^3/s$；

　　　L——试样厚度，cm；

　　　A——试样截面积，cm^2；

　　　ΔP——在试样厚度两侧的压力差，MPa。

　　一般炭素材料的气体渗透率为 $0.1 \sim 10cm^2/s$，浸渍处理后的不透性石墨约为 $8 \sim 10cm^2/s$；玻璃炭和热解炭则可达 $10 \sim 12cm^2/s$，与玻璃的透气率相同。由于只有贯通气孔才能通过气体，故气体渗透率与材料的气孔率没有直接关系。

3.6　碳的化学性质

　　通过热重分析（TG）、X 射线衍射（XRD）、元素分析等方法可以表征碳的多种化学性质。基本的性质包括：可燃烧性、较强的化学稳定性（抗氧化性），可作为固相反应还原剂和石墨层间的插入（GICs），具有耐热性、耐腐蚀性等，能与多种物质发生化学反应，能构成多种碳酸盐化合物。炭素材料的化学性质稳定，是一种耐腐蚀材料。但在高温下会与氧化性气体或强氧化性酸发生氧化反应；在高温下会溶解于金属并生成碳化物，形成石墨层间化合物。

　　在氧化反应方面，影响碳氧化反应的因素包括：（1）温度。常温下碳与各种气体不发生化学反应。（2）石墨化度。石墨化度越高，石墨的晶体结构越完整，其反应活化能大，抗氧化性好。（3）炭素材料的孔结构。碳与气体之间反应属于气固反应，其反应速度由表面反应速率和气体分子向材料内部扩散速率决定。较低温度下，氧化速率不高，气体分子能扩散到材料内部，此时，氧化反应速率与孔结构有关；在 800℃以上，化学反应速率快，氧气分子来不及扩散到材料内部，此时，氧化速率与孔结构关系较小。（4）杂质。炭素材料所含杂质对氧化反应起催化作用[8]。

　　在碳化物的生成方面，在高温下碳溶解于 Fe、Al、Mo、Cr、Ni、V、U、Th、Zr、Ti 等金属和 B、Si 等非金属中生成碳化物。碳与Ⅳ、Ⅴ、Ⅵ族元素生成的碳化物化学性质稳定性好，硬度高，一般具有导电性，有的还显示出超导性。某些碳化物的固溶体如 4TaC+1ZrC 或 4TaC+1HfC 的熔点达到 4200K，是已知熔点最高的物质。碳与碱金属、碱土金属、Al 及稀土类元素生成盐类碳化物，一般为绝缘体，但部分化学稳定性较差，在水或稀酸中易分解。

3.7　碳的机械性质

　　（1）强度。抗压强度：单向受压力作用破坏时，单位面积上所承受的荷载。石墨电极抗压强度测定方法参见 GB 1431—85。抗折强度：单位面积承受弯矩时的极限折断应力。石墨电极抗折强度测定方法参见 GB 3074.1—82。抗拉强度：拉伸断裂前所能够承受的最大拉应力。炭素材料抗拉强度测定方法参见 YB 909—78。

（2）弹性模量：材料所受应力与应变之间的关系。通常采用杨氏弹性模量。石墨晶体、石墨晶须、热解石墨和高模量炭纤维的弹性模量较高，而一般炭素材料的弹性模量较低。炭素材料在室温下基本属于脆性材料。炭素材料的弹性模量具有方向性。同时，炭素材料的弹性模量随温度升高而增大[9]。

（3）蠕变：在一定温度和较小的恒定外力下，材料形变随时间而逐渐增大的现象。炭素材料的蠕变特性：对于弹性体而言，应力—应变在弹性极限内呈线性关系，对交变应力是可逆的；而炭素材料是非弹性体，其应力—应变呈非线性关系，即使在很小的应力作用下也会发生塑性变形，并且在2000℃以上存在明显的蠕变现象。与石墨材料相比，其他炭素材料的蠕变更大，且蠕变温度（1500℃）更低；炭素材料的蠕变也呈各向异性，一般平行于晶粒取向方向上蠕变小，垂直方向蠕变大。

（4）摩擦性。石墨材料既耐磨，又具有自润滑性。这是由于石墨晶体层间以分子键结合，易于剥离，在摩擦面上形成极薄的石墨晶体，使摩擦系数显著降低。石墨材料具有优异摩擦性能的原因：1）石墨导热性好，实际应用中，材料的耐磨性能与滑动速度有关。滑动速度增加，会使摩擦面的温度增加，摩擦材料发生不可逆的变化，从而导致耐磨性降低。2）石墨具有自润滑性，石墨层与层之间结合力弱，易于相对滑动。当石墨在材料表面形成石墨薄层后，就成为石墨与石墨之间的摩擦。

炭素材料的机械强度的特征：机械强度有各向异性，平行于片层方向（∥）的强度大，而垂直于层面方向（⊥）的强度低。在2500℃以内，比强度随温度升高而增大。

金刚石与类金刚石是自然界最硬的固体，具有优良的耐摩擦磨损性能。石墨是自然界最软的矿物，其各向异性，a 轴和 c 轴力学性能差异大。人造石墨的抗压强度为抗折强度的 1.6~2.9 倍，而抗拉强度则为抗折强度的 0.47~0.60。在1500℃以上，其他材料的强度急剧下降，而人造石墨材料的比强度继续升高，直到2500℃才开始下降。因此，在不考虑氧化的情况下，炭素材料作为高温材料有其独特的优越性。

3.8 碳的电学性质

电性质与能带结构密切相关。电子只能存在于不同的能带区域，从内到外分别称为第一、第二、第三布里渊区。可以笼统地将能带分为价带和导带，之间为禁带。禁带宽度不大于0eV 时，为导体；大于0eV 时，为半导体或绝缘体。金刚石禁带宽度为 5.47eV，具有极强的绝缘能力；石墨能隙最窄为 40meV，导体各向异性[10]。

炭素材料导电性的特点：（1）石墨化程度高的炭素材料的导电性有明显的各向异性。石墨晶体层面上的原子以共价键叠合金属键结合，所以具有良好的导电性；而在石墨晶体层与层之间是由较弱的分子键链接，故导电能力弱。（2）炭素材料的导电能力随石墨化度不同而不同。石墨化度高，层面排列平行，晶格缺陷少，有利于电子流动，其电阻率就低。常用炭素材料的电阻率如表 3-4 所示。

表 3-4 常用炭素材料的电阻率 $(\Omega \cdot mm^2/m)$

名称	石墨电极	高功率电极	石墨阳极	高炉炭块	预焙阳极	电极糊（焙烧后）	阳极糊（焙烧后）
电阻率	6~15	5	6~9	50~60	40~50	70~90	50~80

温度变化对炭素材料的导电性的影响：石墨晶体受热，价带上的电子跃迁到导带，自由电子数量增加，电阻率降低。温度升高，晶格点阵热振动加剧，振幅增大，自由电子流动阻力加大，电阻率增加。在 100~900K 以下，温度使电子激发作用起主导，炭素材料的电阻温度系数为负值，900K 以上为正值。石墨在温度超过 1000℃ 时的电阻率可由下式计算：

$$\rho_t = \rho_{1000} + \alpha(t - 1000)$$

式中 ρ_t, ρ_{1000}——分别在 t℃ 和 1000℃ 时的电阻率；

α——电阻温度系数。

3.9 碳的热学性质

碳的固体热容：热容量为单位大小的物体上升单位温度时所需的热量，固体材料的热学性质实质上是固体材料晶格中原子热振动在各方面的表现。通常的晶体遵循杜隆-普帝定律，即在常温附近的比热容为 2.09kJ/(kg·K)。炭素材料的比热容不服从该定律。炭素材料的比热容不随石墨化度和炭素材料的种类而变化。理论上讲，各向同性晶体的比热容与 T^3 成正比；而在 1.5~10K（低温）时，碳的比热容与 $T^{2.4}$ 成正比，在 0~60K 时则与 T^2 成正比，由此证明石墨晶体为层状结构[11]。

线热膨胀：固体材料的长度随温度升高而增大的现象称为线热膨胀。线热膨胀系数可用下式计算：

$$\alpha = \frac{\Delta L}{L_0 \Delta t}$$

式中 α——线热膨胀系数，1/℃；

ΔL——伸长量，cm；

L_0——原始长度，cm；

Δt——升高的温度，℃。

当炭素材料用于工作温度高、变化幅度大，而且要求材料尺寸无明显变化的场合时，α 值成为重要的质量指标之一。炭素材料和一些金属材料的线热膨胀系数如表 3-5 所示[12]。

表 3-5　炭素材料和一些金属材料的线热膨胀系数　　（$1/℃\times10^{-6}$）

测量方向	挤压石墨制品		挤压炭制品		铜	铝
	20~200℃	20~1200℃	20~200℃	20~1000℃	0~100℃	0~100℃
∥	1~2	2~3	2~2.5	4.5~5.5	17	23.6
⊥	2~3	3~4	—	—		

炭素材料线膨胀系数的特点：炭素材料的线膨胀系数比金属小得多，而且随石墨化度提高而减小。炭素材料的线膨胀系数具有明显的各向异性。a 轴方向的 α 值在 450℃ 以下为负值，常温时达到最小值，而 c 轴方向的 α 值均为正值。

碳的热导率：单位时间内通过单位截面传输的热能与温度梯度的比。计算公式：

$$\lambda = \frac{1}{3}c_V vL$$

式中　λ——热导率，W/（m·K）；

c_V——体积比热容，kJ/（m^3·K）；

v——晶格波传递速度，m/s；

L——晶格波平均自由程，nm。

碳的抗热震性：材料在高温下使用时，能经受温度的剧变而不受破坏的性能。当温度快速变化时，材料表面和内部产生温度梯度，其膨胀和收缩不同而产生内应力，当应力达到极限强度时，就会使材料破坏。石墨的耐热冲击参数远高于其他一些耐热材料[13]。各种主要耐热材料的耐热冲击参数如表 3-6 所示。

表 3-6　耐热材料的耐热冲击参数　　（J/（m·s））

材料名称	石墨	金属陶瓷	碳化钛	重晶石	锆石	氧化镁	氧化锆
R'	24	2.01×10^{-1}	1.44×10^{-1}	5.07×10^{-2}	1.86×10^{-2}	$(5\sim15)\times10^{-3}$	2.72×10^{-3}

3.10　碳的电磁性质

金刚石和石墨都是饱和电子结构，结晶完美时都是抗磁的。石墨中存在杂质和缺陷，属于导体，因而顺磁，金刚石不易掺杂，属于绝缘体，因而抗磁。

炭素材料磁化后产生的磁场强度方向与外加磁场强度方向相反，是一种抗磁性物质，其磁化率（χ）为负值。炭素材料磁学特性表现在两方面：（1）大多数炭素材料的磁化率呈现明显的各向异性。单晶石墨不同方向的单位质量磁化率分别为$\chi_{\perp} = -21.5 \times 10^{-6}$emu/g；$\chi_{//} = -0.5 \times 10^{-6}$emu/g。$\Delta\chi = -21 \times 10^{-6}$emu/g。（2）各种炭素材料在不同温度下的$\chi_m$值与其微晶大小相关，测定石墨材料的抗磁性磁化率是研究石墨晶体发育程度的方法之一[14]。

平均抗磁性磁化率：定义$1/3\Delta\chi$位平均抗磁性磁化率。磁阻：在外加磁场时的电阻率（ρ_H）与不加磁场时的电阻率（ρ）之差值$\Delta\rho$与电阻率之比（$\Delta\rho/\rho$）称为磁阻。磁阻与炭素材料的热处理温度有密切关系，因此磁阻是评价石墨化度极其灵敏的指标之一。

3.11　碳的光学性质

拉曼光谱是分析碳结构最有效的手段。金刚石具有高的折射率，低的吸收系数，在红外和紫外光的大部分都具有极好的透过性能。美国赖斯大学制造出了世界上最黑的材料，他们用碳纳米管织出了一片毯子，仅反射0.045%的光线，此前最黑的材料是伦敦科学家制造的一种镍磷合金，大约反射0.16%的光线。

3.12　碳的表面性质

在润湿性方面，金刚石和石墨层表面具有极大的表面张力，多数液体的润湿性较差。石墨的c轴方向的表面张力非常小，一般具有良好的润湿性。在摩擦磨损性方面，石墨材料与各种物质间的摩擦系数在0.3左右，金刚石具有的摩擦磨损性能，其摩擦系数仅0.07，广泛用作抛光、研磨材料。在吸附性能方面，物理吸附在高温低压下会发生脱附，可逆，而化学吸附会发生化学作用，不可逆。金刚石表面以及石墨c轴方向作为表面时，它们的悬挂键有强烈的极性，因此存在大的物理吸附能力。引入不同的官能团，可能改善对不同物质的吸附能力。在催化性能方面，碳具有非常大的比表面积，拥有优良的耐热性，可直接用为催化剂或作为催化剂载体[15]。

3.13　碳的核物理性质

核反应堆是核燃料进行有效控制的裂变装置。核裂变物质在裂变时产生速度非常快的快中子，不易为核燃料所俘获，核裂变不能持续进行。当快中子与减速材料发生弹性碰撞失去大部分能力后，速度大大减慢，成为慢中子。用慢中子去轰击核裂变物质的原子核，才能使它持续产生核裂变[16]。

石墨是除重水外最好的慢化材料。核裂变时，中子的速度为2×10^7m/s。石墨也是良好的反射材料。中子散射截面大，吸收截面小，质量数低，单位体积内的原子密度高。石墨的核物理参数体现在截面、散射、原子的散射界面、俘获、全吸收系数、减速比等方面。石墨的减速比虽比重水小得多，但高于其他材料，生产成本比重水低得多，所以从世界上第一座核反应堆开始就采用石墨作为减速材料。

参 考 文 献

[1] 钱湛芬. 炭素工艺学 [M]. 北京：冶金工业出版社，1996.

[2] 赵志凤. 炭材料工艺基础 [M]. 哈尔滨：哈尔滨工业大学出版社，2017.

[3] [日] 稻垣道夫，[中] 康飞宇. 炭材料科学与工程：从基础到应用 CARBONMATRIALS [M]. 北京：清华大学出版社，2006.

[4] 日本炭素材料学会. 活性炭基础与应用 [M]. 北京：中国林业出版社，1984.

[5] 中国电石工业协会. 电极糊的生产与应用 [M]. 北京：化学工业出版社，2015.

[6] 蒋文忠. 炭素机械设备 [M]. 北京：冶金工业出版社，2010.

[7] 童芳森. 炭素材料生产问答 [M]. 北京：冶金工业出版社，1991.

[8] 李瑛娟，宋群玲. 炭素生产机械设备 [M]. 沈阳：东北大学出版社，2017.

[9] 沈曾民. 新型碳材料 [M]. 北京：化学工业出版社，2003.

[10] 沈曾民，张文辉. 活性炭材料的制备与应用 [M]. 北京：化学工业出版社，2006.

[11] 王成扬，陈明鸣，李明伟. 沥青基炭材料 [M]. 北京：化学工业出版社，2018.

[12] 梁大明，孙仲超. 煤基炭材料 [M]. 北京：化学工业出版社，2011.

[13] 郑经堂，黄振兴. 多孔炭材料 [M]. 北京：化学工业出版社，2015.

[14] 王艳辉，臧建兵. 超硬炭材料 [M]. 北京：化学工业出版社，2017.

[15] 赵志凤. 炭材料工艺基础 [M]. 北京：哈尔滨工业大学出版社，2017.

[16] 陆玉峻. 电炭 [M]. 北京：机械工业出版社，1995.

4 炭素材料的生产工艺与装备

4.1 概述

自然界中的炭，不管是哪种形式，均可理解为是有机物经热解反应的生成物。炭素原料的来源广泛，如煤、石油、植物等，都是含 C、H、O、N、S 等有机物的混合体。煤含碳为 60%~90%，木材含碳约 50%，石油含碳为 80%~90%，天然石墨含碳近 100%。石油、煤一般认为是在亿万年前被埋入地下的动植物，在隔绝空气、受地球热和地层高压等条件下转化的结果。这类物质仍然为碳氢化合物，但已有所炭化。而无烟煤可以看作是近乎炭化后期的产物。同理，天然石墨可以认为已完全炭化，且已经达到了石墨的程度。

炭素是以高纯度优质无烟煤，经深加工改变煤的一些性质得出的东西，主要制品有石墨电极类等。炭素制品按产品用途分为石墨电极类、炭块类、石墨阳极类、炭电极类、糊类、电炭类等。炭砖或电炉块主要用于冶金行业，按用途可分为高炉炭块、铝用炭块、电炉块等。炭素制品按加工深度可分为炭制品、石墨制品、炭素纤维和石墨纤维等，按原料和生产工艺可分为石墨制品、炭制品、炭素纤维制品、特种石墨制品等，按灰分大小又可分为多灰制品和少灰制品（含灰分低于 1%）。我国炭素制品的国标和部标是按用途和工艺进行分类的。

炭素材料的生产工艺包括：原料准备、煅烧、粉碎、筛分、配料、混捏、成型、焙烧、浸渍、石墨化及制品的机械加工等工序[1,2]。典型工艺流程如图 4-1 所示。

4.2 炭素材料的制备原料

炭素材料的制备原料包括：石油焦、沥青焦、冶金焦、无烟煤、煤沥青和其他辅助原料等，其他辅助原料主要是指煤焦油、炭黑、天然石墨、蒽油等，如图 4-2 所示。

（1）石油焦。石油焦是石油炼制过程中的副产品。石油经过常压或减压蒸馏，分别得到汽油、煤油、柴油和蜡油，剩下的残余物称为渣油。将渣油进行焦化便得到石油焦。石油焦是生产各种炭素材料的主要原料。这种焦炭灰分比较低，一般小于 1%。石油焦在高温下容易石墨化。石油焦的特性对炭素材料的性

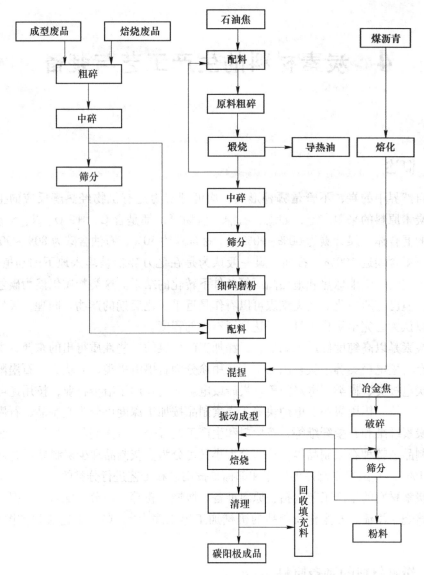

图 4-1   炭素典型生产工艺流程

能有很大影响。延迟焦化是将原料经深度热裂化转化为气体烃类、轻、中质馏分油及焦炭的加工过程。原料一般是深度脱盐后的原油经减压蒸馏所得的渣油。有时在减压渣油中配有一定比例的热裂化渣油或页岩油[2]。

石油焦的焦化反应：石油焦是由渣油经过焦化工艺而制得的产品。渣油的组成很复杂，与原油同样都是由各种烃类和烃类化合物组成的。在焦化过程中，沥青质和树脂质将脱去直链烃化物和芳香基，生成无序的和高度交链结构的焦炭。

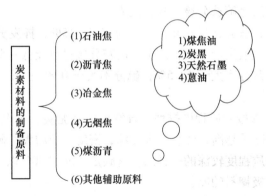

图 4-2 炭素材料的制备原料

石油焦的分类：根据石油焦结构和外观，石油焦产品可分为针状焦、海绵焦、弹丸焦和粉焦 4 种。根据硫含量的不同，可分为高硫焦和低硫焦。石油焦按照硫含量、挥发分和灰分等指标的不同，分为 3 个牌号，每个牌号又按质量分为 A、B 两种。根据原料渣油的不同，石油焦又分为裂化石油焦、常减压石油焦和页岩石油焦。

石油焦的质量要求：石油焦的质量可以用灰分、硫分、挥发分和 1300℃ 煅烧后的真密度来衡量。1）灰分：原油中的盐类杂质经炼制富集在渣油中，最后都转移到石油焦中。石油焦的灰分与焦化工艺、堆放操作中的混杂有关。一般炭素材料生产用的石油焦灰分不大于 0.5%；生产高纯石墨时，石油焦的灰分应不大于 0.15%。2）硫分：硫分主要来自原油。石油焦中的硫可分为有机硫和无机硫。有机硫有硫醇、硫醚、硫化物等；无机硫有硫化铁和硫酸盐。3）挥发分：石油焦的挥发分高低表明其焦化程度，对煅烧工艺有较大影响。4）真密度：真密度的大小标志着石油焦石墨化的难易程度，一般来说，在 1300℃ 煅烧过的石油焦真密度较大，这种焦易石墨化，电阻率较低，热膨胀系数较小[3]。

（2）沥青焦。沥青焦是一种含灰分和硫分均较低的优质焦炭，颗粒结构致密，气孔率小，挥发分较低，耐磨性和机械强度较高，是以煤沥青为原料，采用高温干馏（焦化）的方式制备而得。沥青焦是生产铝用炭素阳极和阳极糊的原料，也是生产石墨电极、电炭制品的原料。生产沥青焦的原料是中温沥青和高温沥青。

（3）冶金焦。冶金焦是生产各种炭块和电极糊的主要原料，是用几种炼焦煤按一定配比在焦炉中高温干馏焦化而得到的一种固体残留物。生产冶金焦以炼焦煤为主，配入部分肥煤、气煤和瘦煤。先将选好的炼焦煤破碎和粉碎，再按一定比例配煤，混匀后送入贮煤塔，通过装煤机将塔中原料煤从炉顶装入焦炉炭化室。当焦饼中心温度达到 950~1050℃ 时，即可推焦出焦，送到熄焦塔用水熄焦。

冷却后的冶金焦最后经筛选分级，检验入库。

冶金焦的特点：灰分含量较高，一般为 10%～15%，挥发分含量为 1%左右，不易石墨化。对于炭素生产来说，冶金焦的灰分应尽可能低一些。炭素生产用冶金焦的质量指标：灰分不大于 13.5%；硫分不大于 0.8%；挥发分不大于 1.2%；水分不大于 4.0%[1,2]。

（4）无烟煤。煤按变质程度排列，自然界中有泥炭、褐煤、烟煤和无烟煤。变质程度越高，含碳量越高，颜色逐渐变深，密度逐渐增大，硬度和光泽也逐渐增强。无烟煤是变质程度较深的一种煤，含碳量一般在 90%以上，是生产冶金用炭块、炭电极和电极糊料的原料。

无烟煤是生产炭素材料的主要原料，但是并不是所有的无烟煤都可以作为生产炭素材料的生产原料，能做生产炭素材料的无烟煤必须具有以下条件：1）灰分含量要低。生产阴极炭块和高炉炭块的无烟煤灰分要求在 8%以下；生产电极糊的无烟煤灰分应小于 10%。2）硫分要少。3）热稳定性要高。有的无烟煤在煅烧后容易裂成小块，强度降低。4）机械强度要高。这是生产炭素制品所要求的主要特性之一，这样才能制造出机械强度高的炭素制品。

（5）煤沥青。煤沥青是炼焦工业的副产品。烟煤在炼焦炉中受高温作用发生热分解，得到三种产物：1）焦炭；2）煤气；3）煤焦油。1t 干烟煤可得到 720～780kg 焦炭，150～190m³ 煤气，25～42kg 煤焦油。其中煤焦油是生产煤沥青的原料，煤焦油再经过蒸馏得到的残渣便是煤沥青。煤沥青是生产炭素材料的黏结剂和浸润剂。煤沥青是一大群稠环芳烃化合物及其衍生物的混合物，因此煤沥青的炭化过程相当复杂。

（6）炭素制品的其他辅助原料：

1）天然石墨。天然石墨是一种非金属矿，大量用于电炭行业生产各种电刷、耐磨材料和石墨坩埚等。纯粹的天然石墨极少以单体存在，一般都以石墨生岩、石墨生麻岩、全石墨的生岩及变质岩等矿物出现。生岩石墨依结晶形态分成晶质石墨和土状石墨两类。

晶质石墨：石墨晶体直径大于 1μm 的鳞片状和块状石墨称为晶质石墨。土状石墨：又称隐晶质或非晶质石墨，其晶体直径小于 1μm，是微晶石墨的结合体，只有在电子显微镜下才能看到晶形。其表面呈土状，缺乏光泽，润滑性也差。这种石墨矿品位较高，一般达 60%～80%，但可选性差。

2）炭黑。在机械用炭制品、电刷和石墨化炉保温材料方面，需要不少炭黑。炭黑是有机物不完全燃烧的产物，是生产硬质电化石墨电刷和弧光炭棒的主要原料之一。由于它具有极细的粒度，碳原子排列不规则，颗粒大部分为球状，而且纯度较高，故用炭黑为主要原料制造的产品具有下列特点：各向同性、电阻系数大、机械强度高、纯度高等。

3）煤焦油。煤焦油是炼焦时的副产品，黑色黏稠液体，是多种碳氢化合物的混合物。在铝用阴极材料（冷捣糊）生产中经过脱水后的煤焦油用来调整煤沥青的软化点。生产冷捣糊时适宜的混合黏结剂的配比为：煤沥青∶煤焦油＝（40±5）∶（60±5）。煤焦油的质量指标为：比重 1.16~1.20；灰分不大于 0.2%；水分不大于 0.2%；游离碳含量 5%~9%。

4）蒽油。蒽油是煤焦油加热蒸馏到 270~360℃之间蒸发冷凝后得到的褐色黏稠液体，产量占煤焦油量的 20%左右。其目的是为了降低煤沥青的软化点或黏度。冷捣糊生产混合黏结剂的配比为煤沥青∶蒽油＝（70±2）∶（30±2）进行混合时就可达到冷捣糊对其软化点的要求。蒽油的质量指标一般要求：苯不溶物 0.5%；水分 1.5%；分馏成分 210℃以下不大于 10%，235℃以下不大于 25%，360℃以下不大于 60%。

4.3 煅烧工艺及设备

本节以石油焦为例介绍炭素材料的煅烧工艺及设备，其他原料类似。

4.3.1 原料预碎

碳质原料块度过大，不仅在煅烧工序保证不了煅后料质量的均一性，而且受到煅烧设备的限制，使加料和排料造成困难，还会影响中碎设备的效率。因此碳质原料在煅烧前要预先破碎到 50~70mm 左右的中等块度，以确保大小块料均能得到均匀的深度煅烧。原料破碎也不能过细，否则会造成粉料过多和增加煅烧烧损量。

4.3.2 煅烧

碳质原料在隔绝空气条件下进行高温（1200~1500℃）热处理的过程称为煅烧。煅烧是炭素生产的首道热处理工序，煅烧使各种碳质原料的结构和物理化学性质发生一系列变化。无烟煤和石油焦都含有一定数量的挥发分，需要进行煅烧。沥青焦和冶金焦的成焦温度比较高（1000℃以上），相当于炭素厂内煅烧炉的温度，可以不再煅烧，只需烘干水分即可。但如果沥青焦与石油焦在煅烧前混合使用，则应与石油焦一起送入煅烧炉煅烧。天然石墨和炭墨则不需要进行煅烧[3]。

4.3.2.1 原料煅烧目的与指标

（1）排除原料中的水分和挥发分。炭素原料通常都含有一定数量的挥发分，原料经过煅烧可排除其中的挥发分，从而提高原料的固定碳含量。炭素原料一般都含有 3%~10%的水分，通过煅烧排除原料中的水分，有利于破碎、筛分及磨粉等作业的进行，提高炭素原料对黏结剂的吸附性能，有利于产品质量的提高。

（2）提高原料的密度和机械强度。炭素材料经过煅烧，由于挥发分的排除，体积收缩，密度增大，强度提高，同时获得较好的热稳定性，从而减少制品在煅烧时产生二次收缩。原料煅烧越充分，对产品质量就越有利。

（3）提高原料的抗氧化性能。炭素原料经过煅烧，随着温度的升高，通过原料的热解和聚合过程，氢、氧、硫等杂质相继排出，化学活性下降，物理化学性质趋于稳定，从而提高了原料的抗氧化性能。

（4）改善原料的导电性能。炭素原料经过煅烧后排除了挥发分，同时分子结构也发生变化，电阻率降低从而提高了原料的导电性。一般来说，原料煅烧程度越高，煅后料的导电性越好，对生产制品的质量越有利。原料的煅烧质量一般用粉末比电阻和真密度两项指标控制。原料的煅烧程度越高，则煅后料粉末比电阻越低，同时真密度也越高。

4.3.2.2　煅烧过程的参数控制

煅烧工序的主要控制参数是煅烧温度。经过1300℃煅烧的碳质原料已达到充分收缩，因此通常的煅烧温度选择1300℃左右比较合适。如果煅烧温度过低，碳质原料就得不到充分收缩，原料中挥发分不能完全排除，原料的理化性能不能达到均匀稳定，在下一步焙烧过程中原料颗粒会再次收缩，会导致制品变形或产生裂纹，而且制品的密度和机械强度都比较低。为了避免碳质原料颗粒在焙烧热处理时产生再收缩，一般煅烧温度应高于焙烧温度。如果煅烧温度过高，原料体积密度降低，制品机械强度下降，而且砌筑煅烧炉的耐火材料也不允许煅烧温度提得过高。因此，合适的煅烧温度是既可以保证煅烧物料的质量，又可以延长煅烧设备的使用寿命。根据长期的生产经验，碳质原料的煅烧温度一般为1250~1380℃。

4.3.2.3　煅烧过程原料的物化性质变化

（1）原料所含挥发分的排除。碳质原料在煅烧过程中的变化是复杂的，既有物理变化又有化学变化。原料在低温烘干阶段（200℃以下）所发生的变化（主要是排除水分），基本上是属于物理变化；而在挥发分的排出阶段，主要是化学变化，原料中既发生芳香族化合物的分解，又产生缩聚过程。在煅烧过程中随热处理温度的升高，碳质原料排出的可燃性气体称为挥发分。碳质原料所含挥发分的高低，取决于原料成焦温度或变质程度的高低。一般石油焦和无烟煤都从200~300℃开始排出挥发分。挥发分逸出量随煅烧温度的升高而增大，在一定温度范围内挥发分的排出达到最大值（石油焦为500~700℃，无烟煤为700~850℃）。若继续升高温度，挥发分的排出量会急剧下降；当温度达到1100℃以上时，挥发分排出基本停止，煅后碳质物料的挥发分含量降低到0.5%以下。

（2）原料的真密度变化。各种碳质原料煅烧后的真密度都有较大程度的提高，特别是各种石油焦的真密度，从煅烧前的 1.42~1.61g/cm³，提高到 2.00~2.12g/cm³，提高了约40%。煅烧过程中煅烧料的真密度随煅烧温度的变化呈很好的直线关系，表明测定煅烧料的真密度可以直接反映碳质原料的煅烧程度以及所处的煅烧温度。煅烧料真密度的提高，主要是由于碳质原料在高温下不断逸出挥发分并同时发生分解缩聚反应，导致结构重排和体积收缩。由于真密度可以表示煅烧料的结构致密化程度和微晶规整化程度，因此煅后料的真密度可以用来评价煅后料质量的优劣以及煅烧工艺的好坏。在同样温度下煅烧后物料的真密度越高，则越易石墨化。

（3）原料的体积（密度）变化。所有碳质原料煅烧后体积都有所收缩，但收缩程度不一样。原料挥发分含量大并在煅烧过程中逸出量多，则其体积收缩大，例如，成焦温度比较低的石油焦在煅烧过程中体积收缩比较大，达到20%以上，而成焦温度接近煅烧温度的沥青焦，煅烧后体积收缩很小。

（4）原料的抗氧化性变化。随着煅烧温度的提高，碳质原料所含杂质逐渐排除，降低了碳质原料的化学活性。同时，在煅烧过程中碳质原料热解逸出的碳氢化合物在原料颗粒表面和孔壁沉积一层致密有光泽的热解炭膜，其化学性能稳定，从而提高了煅后料的抗氧化性能。

综上，在煅烧中，炭素原料的物理化学性质变化主要取决于原料性质，也取决于煅烧温度。一般煅烧温度控制在1350℃左右，此时，炭素原料形成碳原子平面网络呈两维空间的有序排列，如果经过更高的煅烧温度，其中所含杂质的进一步排除，原子热运动加剧，碳原子的平面网格将逐渐向三维空间的有序排列转化，原料性质更趋稳定。

4.3.3 煅烧设备分类

炭素原料是在不同的煅烧炉内进行的，根据不同炉型，其煅烧工艺也有各自不同的特点。目前采用较普遍的煅烧炉主要有三种：（1）罐式煅烧炉；（2）回转窑煅烧炉；（3）电热煅烧炉。

罐式煅烧炉由于加热方式和使用燃料的不同，又可分为：（1）顺流式罐式煅烧炉：燃气的流动方向与原料的运动方向一致；（2）逆流式罐式煅烧炉：燃气的流动方向与原料的运动方向相反；（3）简易罐式煅烧炉：中小厂采用的燃煤煅烧炉[1,4]。

由于结构和煅烧工艺条件不同，以上几种炉型有明显差别，不仅传热介质类别不同，且传热条件和煅烧气氛有所差异。罐式炉和焦炉基本上是一种加热类型，即以耐火砖火墙传出的热量间接加热碳质原料。回转窑则是另一种类型，燃烧气体与碳质物料接触而直接加热。电热煅烧炉是借助电能转化为热能进行加热，被煅烧物料同时起着电阻发热体的作用。

4.3.4　罐式煅烧炉煅烧方法

罐式煅烧炉主体结构：

以顺流式罐式煅烧炉为例。如图4-3所示，主要组成部分：炉体—罐式煅烧炉的炉膛和加热火道；加、排料和冷却装置；煤气管道、挥发分集合道和控制阀门；空气预热室、烟道、排烟机和烟囱[1,5]。

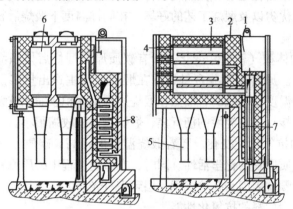

图4-3　顺流式罐式煅烧炉炉体结构
1—煤气管道；2—煤气喷口；3—火道；4—观察口；
5—冷却水套；6—煅烧罐；7—蓄热室；8—预热空气道

提高罐式炉产量和煅烧质量的方法：

提高罐式炉产量和煅烧质量的关键是适当提高炉温或延长煅烧带，煅烧带温度必须控制在1250~1380℃（指火道温度，火道温度与罐内物料温度相差100~150℃）范围内，火道温度低于1250℃时要停产调整，直到温度合格才能正常加排料。如果煅烧带温度偏低，就会影响罐式炉的产量和煅烧质量，如果煅烧带温度过高，炉体就容易烧坏，导致炉子使用寿命缩短。影响煅烧温度的主要因素是燃料、空气量和负压[2,3]。

罐式煅烧炉的优缺点如下。

优点：煅烧质量稳定，物料氧化烧损小，煅烧物料纯度较高，挥发分可充分利用，高温废气通过蓄热室预热冷空气，全炉热效率较高。缺点：炉体庞大复杂，需大量钢材和规格繁多的异性耐火砖（尤其是产能大时），砌筑技术要求高，施工期较长，建设投资较大。

4.3.5　回转窑煅烧方法

4.3.5.1　回转窑的主体结构

回转窑是一台纵长的钢板制成的圆筒，内衬耐火砖。窑体的大小根据生产需

要而定，较小的回转窑内径只有1m左右，长20m左右；较大的回转窑内径可达
2.5~3.5m，长50~100m。回转窑炉体结构如图4-4和图4-5所示。为了使物料
能在窑内移动，窑体要倾斜安装，其倾斜度的大小一般为窑体总长的2.5%~
5%。回转窑主要由以下几个部分组成：

图4-4 工厂回转窑

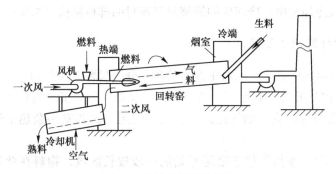

图4-5 回转窑的炉体结构

（1）窑身。窑身由厚钢板卷成圆筒并用焊接或铆接而成，内衬耐火材料，
按一定倾角安装在两对以上的托轮上。为了冷却煅烧后灼红的物料，在主窑的正
下方另安装一台尺寸稍小的冷却窑。冷却窑的表面用淋水冷却。

（2）窑头。有窑门和燃料喷口，作用是通风、喷入燃料和隔绝炉端对外界
的辐射热。

（3）托轮、滚圈与挡轮。托轮是安装在一定位置上承受窑体重量并能随窑
体转动的轮子；滚圈是安装在窑体上的一个铸钢环，窑体转动时借助于滚圈回转
于托轮上；挡轮是为了防止运转中窑体滑动，它安装在滚圈两侧。

（4）传动装置。回转窑的运转是靠机械传动的，电动机连接减速箱，减速
箱连接减缩齿轮，减速齿轮连接在窑体上的大齿轮圈上。

（5）密封装置。为了防止空气漏入窑内，在窑头、窑尾与窑体结合部位安装密封装置，密封装置部位设有冷却设备。密封材料一般为金属、胶皮或石棉防风圈等。

（6）燃料喷嘴和排烟机。为了燃烧和控制窑内温度，在窑头安装有燃料喷嘴。回转窑内的负压靠烟囱和排烟机的抽力来控制，窑内产生的废气也靠烟囱和排烟机排入大气。

（7）窑尾。窑尾直接与沉灰室相连，加料管由窑上方斜插入窑尾罩内。窑尾还与余热锅炉烟道相接或直接与通往排烟机的烟道相连。

（8）冷却装置。回转窑的冷却装置是一个外面淋水的旋转钢筒，内砌耐火材料内衬，其传动和固定装置与回转窑相同，排料端安装有密封装置。

4.3.5.2　回转窑煅烧工艺

碳质原料经预碎后送入贮料仓。贮料仓中的物料经圆盘或振动给料机连续向窑尾加料。物料随窑体的转动而缓慢向窑头移动，物料在从窑尾向密头移动过程中，首先经预热带预热，然后经 1250~1380℃ 的高温带煅烧。煅烧好的物料从窑头下料管落入冷却窑中。冷却后的煅烧料经密封的排料机构定期排出。

4.3.5.3　回转窑煅烧物料与烟气流程

回转窑内喷入的燃料与原料中逸出的挥发分一起燃烧（包括少量原料的氧化和自燃），窑内分成三个温度带：预热带、煅烧带、冷却带。物料走向：窑尾→窑头→冷却机→煅后仓。烟气走向：窑头→窑尾→沉灰室→余热锅炉→净化系统→排空[6]。

（1）预热带。预热带位于窑尾开始的一段较长区域，物料在此带脱水干燥和排出挥发分。应尽可能利用热烟气的热量和挥发分燃烧热。该带的高温端温度为 800~1100℃，加料端温度为 500~600℃。窑筒体越短，则预热带也越短，窑尾温度越高，排出的烟气温度就越高。物料变化：脱水并排出挥发分及硫分。

（2）煅烧带。煅烧带的起点位于距煤气喷嘴 2m 左右的地方。该带温度最高达 1300℃ 以上，物料在此带被加热到 1200℃ 左右。煅烧带的长度取决于燃料和挥发分燃烧火焰的长度，一般约为 3~5m，如煅烧挥发分含量较高的石油焦，煅烧带的长度可增至 8~10m。

（3）煅烧带温度的确定。煅烧带的温度是窑内物料承受的最高温度，它对煅后焦质量起关键作用。但目前还无法直接测量回转窑内的物料温度，只能测量窑内烟气温度或内衬表面温度来代替煅烧带温度。由于烟气温度、内衬温度和物料温度间存在着温差，且不同位置温差不同，如图 4-6 所示。无论是烟气温度还是内衬温度，其最高温度对应的都不是物料的最高温度，而且对应关系也因窑内温度分布随时间的变化而变化。所以，替代的煅烧带温度并不能反映物料本身的温度，如何精确调控煅烧带物料温度，尚待改进[1-3]。

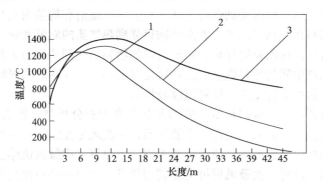

图 4-6　回转窑内温度分布曲线
1—物料；2—内衬；3—烟气

（4）煅烧带长度的确定。煅烧带应该是物料发生物理化学变化时所处的区域。对石油焦而言，从 200~250℃ 开始，便有挥发分逸出，但此时物料并未发生明显的变化。随着温度的升高，挥发分逸出加剧，物料开始发生明显的变化，此处应为煅烧带的起点。其标志和判定标准为内衬亮度增强，挥发分逸出激烈并产生火焰，物料由黑变红，料层斜面与水平面的夹角由小变大，料层宽度由宽变窄之处为煅烧带的起点；内衬亮度减弱，挥发分排出基本结束，料层表面无挥发分的燃烧火焰，温度开始下降，料层斜面宽度及其与水平面的夹角基本稳定之处为煅烧带的终点，起点到终点的距离即为煅烧带的长度。判定煅烧带起点到窑头的距离时，主要以二次风嘴为参照，判定终点时以窑头为参照。

（5）煅烧带的物料变化。随着煅烧温度的升高，碳原子网格层面直径（L_a）增大，层间距减小，层面堆积厚度 L_c 增大，如表 4-1 所示。微观结构变得规整，使其强度、密度、导电性及抗氧化性等各种性能得到大幅度提高，温度越高，微观结构规整程度越深，性能越好。

表 4-1　温度对石油焦微观结构的影响

温度/℃	L_a/μm	L_c/μm	层间距/μm
700	32	18	3.54
1000	51	20	3.46

（6）冷却带。冷却带位于窑头端，处于燃烧火焰前进方向的后面，长度为 1.5~2m。经过此带，物料温度逐渐降至 800~900℃。回转窑煅烧用燃料除挥发分外，还可采用煤气、重油或柴油。燃料从窑头喷嘴喷入，与窑头控制的空气混合燃烧。燃烧的热气流借助烟囱或排烟机的抽力，经过窑身加热物料，然后从窑尾进入废热锅炉。最后，废气从烟囱排入大气。

4.3.5.4　回转窑传热方式及二次风的形成

　　煅烧物料在回转窑内受到燃烧气体的对流、热辐射和灼热耐火材料热传导的综合加热。物料在移动中，处于表面的物料受到热气流的对流和辐射加热，也受到灼热耐火材料内衬的辐射加热；贴近内衬的物料则受到灼热耐火材料的直接加热；处于堆积料中间的物料则靠煅烧物料自身的热传导加热。物料因窑体转动而不停翻动，使物料交替受热，物料温度较均匀。

　　为了充分利用挥发分的热量，使挥发分在窑内充分燃烧，提高煅烧带温度，回转窑需要进行二次鼓风。增设二次鼓风后，一次风主要解决喷入燃料燃烧所需空气，而从物料中逸出挥发分的燃烧所需空气主要靠二次鼓风供给。对于煅烧高挥发分石油焦，进行二次鼓风后可全部利用挥发分燃烧加热而停用燃料。二次鼓风装置是在窑体外圆适当位置安装一台随窑同转的离心式鼓风机，再通过环管引出的送风管向窑内鼓风。鼓风机的电动机由窑外滑环供电。

4.3.5.5　物料在回转窑内的逗留时间、填充率和回转窑产量计算

　　物料在回转窑内的逗留时间 t 可按下式计算[3,7]：

$$t = \frac{L}{\pi D n \tan\alpha}$$

式中　D——窑内径，m；

　　　n——窑转速，r/min；

　　　L——窑体长度，m；

　　　α——窑体倾斜角，(°)。

　　如果逗留时间过长，将使物料烧损增加，灰分增加，产量降低；如果逗留时间过短，则物料煅烧不透，煅烧质量变差。一般物料在窑内逗留时间不得少于30min。物料在窑内的填充率为物料占窑体总容积的百分率。填充率高则窑的产量也高，但填充率超过一定范围又会恶化操作条件，物料煅烧不透。一般物料在窑内的填充率为5%~15%，窑的内径增大，填充率应适当减小。

　　回转窑的产量 Q 可按下式计算：

$$Q = 148 n \gamma \Phi D^3 \tan\alpha \quad (\text{t/h})$$

式中　γ——物料的堆积密度，t/m³；

　　　Φ——填充率，%；

　　　D——窑内径，m；

　　　n——窑转速，r/min；

　　　α——窑体倾斜角，(°)。

4.3.5.6　回转窑煅烧工艺的控制

　　(1) 煅烧带的控制。煅烧带的长度和位置对于煅烧作业有很重要的意义，

因为它与物料的烧损有关，也与保护窑头和煅烧的最高温度有关。煅烧带应处在保证窑头不会被烧坏的最近距离，离窑头过远，物料的烧损将急剧增加。因为在这种情况下，送入窑内燃烧挥发分所需的空气通过已煅烧好的温度达 1100～1200℃ 的料层时，就把物料燃烧了；煅烧带越长，物料的烧损就越大，过长将出现进入与挥发分燃烧的空气量所剩无几。所以，一方面使挥发分不能充分燃烧而降低其热效率，以致影响炉温；另一方面，未完全燃烧的挥发分可能在窑尾处随物料带进的空气一起燃烧而窑尾烟气温度急剧升高。因此，在回转窑的煅烧生产中，煅烧带的加长应在煅烧带方向都能保持最高温度才是有益的。当煅烧带加长时，只要加快回转窑的转速，使物料在窑内移动的速度加快，就可以提高回转窑的生产能力。回转窑的二次风、三次风设置就是解决难题的方法之一[3,6]。

（2）煅烧物料移动速度的控制。如果煅烧物料在窑内运动速度过快，物料在窑内停留时间短，物料煅烧程度和质量受到影响；如果煅烧物料运动速度太慢，将会使物料氧化烧损增大，灰分含量增加，回转窑的生产能力降低。一般确保物料在窑内停留 30min。

（3）给料量的控制。为了保证煅烧的质量，在回转窑的生产中，一般要求给料量均匀、稳定和连续。若给料量少而且不均匀，会使物料烧损大而降低实收率，产能也将受影响；若给料量过多，则料层过厚，一方面物料可能烧不透，煅烧质量变差，另一方面，由于给料量过多，窑内阻力增大，烟气流通性变差，从而恶化煅烧条件。因此，在回转窑的煅烧生产中，对于物料的粒度组成，以及给料量的多少是否适宜，给料量是否稳定与均匀，都须高度重视。一般规定窑内料层厚度以 200～300mm 为宜。

（4）燃料和空气混合量的控制。回转窑煅烧过程中，燃料量和空气量的合理配比是保证回转窑煅烧温度的关键。燃料完全燃烧所需的实际空气量要比理论空气量大一些，而实际空气的需要量究竟要比理论的需要量大多少，可用空气过剩系数表示：

$$\alpha_m = V_空 / V_{0空}$$

式中　α_m——空气过剩系数；

　　　$V_空$——实际空气需要量；

　　　$V_{0空}$——理论空气需要量。

在回转窑的煅烧生产中，空气过剩系数是衡量燃料燃烧是否合理的标志。通常空气过剩系数正常，燃料就能完全地燃烧，煅烧的温度就能保持在较高的水平（此时目测火焰呈白色）。如果空气过剩系数较大，则空气就会过量，窑内热气体量就要增大。同时，由于烟气要带走大量的热，这势必影响回转窑的煅烧温度（此时目测火焰呈红褐色）。因此，在回转窑的煅烧生产中，一旦发现因空气和燃料配合量不合理而造成煅烧温度下降时，都要注意及时调整空气供给量。正常情况下，空气过剩系数以 1.05~1.10 为宜。

（5）窑内负压的控制。正常生产时，窑内始终保持负压。负压过大或过小对窑内的温度控制和整个煅烧都是不利的。在燃烧及给料量相对稳定时，负压过大，则：1）窑内抽力增大，粉料会被吸走而导致煅烧实收率下降；2）窑内火焰会被拉长，使煅烧带的热力强度和温度降低，须增大燃料用量；3）挥发分燃烧不完全而被吸入烟道燃烧，导致废气温度过高，不仅热量损失，且易烧坏排烟设备；4）窑尾温度过高，造成刚进入窑尾的物料产生不均匀的突然收缩，挥发分也急剧逸出，导致煅后粉料增多。负压过小，则：1）造成窑内外压差小，使窑头窑尾冒烟，恶化操作环境；2）燃烧火焰不稳定，窑头有引起火焰反扑的危险；3）煅烧带由于火焰变短，直接影响煅烧质量和产量；4）窑内烟气流动性变差，造成窑内浑浊不清，难以观察煅烧温度。

4.3.5.7　提高回转窑产能的途径

影响回转窑实收率的因素主要包括：（1）石油焦质量；（2）石油焦粒度；（3）煅烧带温度、长度和位置；（4）窑内负压；（5）空气过剩系数。

提高煅烧实收率的途径主要包括：

（1）控制煅烧带于标准范围内，不仅是温度，煅烧带的长度和位置也要控制。在维持正常的煅烧条件下，尽量减少窑尾排烟机的总排烟量，降低窑尾烟气流速和温度，窑尾负压不要太大，这样使粉尘抽走量减少。

（2）控制好助燃风量，特别是一次风和二次风对焦炭的氧化烧损影响较大，所以要特别注意不要过量，以降低焦炭的氧化损耗，提高实收率。

（3）原料应预先经过筛分，小于 70mm 的筛下料不经过预碎而直接供给回转窑使用，减少进窑的粉料量。

（4）保持好冷却机内的负压，防止冷却机中的水蒸气进入回转窑。在冷却筒的进料端设置水管直接喷淋灼热的煅后料，快速冷却，可大大减少煅后料在冷却筒中的氧化，同时产生的水蒸气用风机抽出。

（5）回转窑的温度、空气量和燃料应实现自动测定和调节。

（6）窑头严格密封，减少从窑头进入窑内的空气量。

（7）力争少用或不用燃料进行煅烧。

4.4　粉碎、筛分工艺和设备

4.4.1　概述

在炭素及电炭制品工业中，煅后焦（煤）必须经过粉碎和筛分工序，才能获得配料所需的不同粒级。根据固体物料粉碎后的尺寸不同，将粉碎分为破碎与粉磨两阶段。将大块物料破裂成小块物料的过程称为破碎；将小块物料磨成细粉的过程称为粉磨，如图4-7所示。

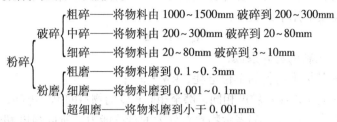

图4-7 破碎与粉磨的分类

在炭素材料生产中，通常把粉碎操作分为三个级别：（1）粗碎（或称预碎）：由200mm左右的大块物料破碎到50~70mm（一般指原料在进入煅烧炉前的破碎）。（2）中碎：由50mm左右块度的物料破碎到1~20mm（一般指煅后料进一步破碎到配料所需的粒度）。（3）磨粉（或称细磨）：将1mm左右的物料磨到0.075mm以下[8]。

各种炭块及糊料都是由不同粒度的颗粒组成的。所以，炭块及糊料的性能在很大程度上取决于所采用的原料粒度大小、数量、形状和表面状况等特性。因此，煅后焦（煤）的粉碎和筛分工艺，在炭块和糊料的生产过程中占有重要地位，是主要生产工序之一。

4.4.2 物料粉碎评价指标

（1）平均粉碎比。粉碎前物料的平均直径 D 与粉碎后物料平均直径 d 的比值 i 称为平均粉碎比，即 $D/d=i$ ，一般简称粉碎比，对破碎来说，则称为破碎比。它主要用来表明物料粉碎前后粒度变化程度，并能近似地反映出粉碎机械的作业情况。

为了简易地表示和比较各种破碎机的这一特性，通常用破碎机的允许最大进料粒度与最大出料粒度尺寸之比作为破碎比，称为公称破碎比。实际生产中，为了保证破碎机机械正常运行，最大进料块尺寸总小于设备的允许最大进料粒度，因此破碎设备的实际破碎比都较公称破碎比低。

（2）平均粒径。由于破碎前后物料的形状都是不规则的，为了简化计算，对于能在料块三个互相垂直方向上量得尺寸的可近似地计算其平均粒径：

$$d_c = (L + b + h)/3$$

式中 d_c——平均直径，mm；

L,b,h——在料块三个互相垂直方向测得的尺寸，mm。

（3）物料的易碎性。物料粉碎的难易程度称为易碎性。物料的易碎性与其本身的强度、硬度、密度、结构的均匀性、黏性、裂痕、含水量及表面形状等因素有关。物料的易碎性常用易碎性系数来表示。由此可见物料的易碎性系数越大，就越容易粉碎。物料的易碎性系数是以某标准物料的单位动力产量为基准，做相对比较得出。用下式表示：

$$K_m = E_b / E$$

式中 K_m——物料的易碎系数；

E_b——某标准物料的单位电耗，$kW \cdot h/t$；

E——与标准物料粒度相同，磨至相同程度的物料的单位电耗，$kW \cdot h/t$。

物料的强度和硬度，都表示物料对外力的抵抗能力，所以强度和硬度都大的物料比较难粉碎，但是硬度大的物料不一定难破碎，破碎难易的决定因素是物料的强度[9]。

4.4.3 物料粉碎的方法及粉碎设备

4.4.3.1 粉碎方法

实际生产中，根据物料的不同特性选择不同的破碎设备和破碎方法，以达到对物料的粉碎目的。常用的破碎方法有以下五种：

（1）压碎：在两个工作面之间的物料，受到缓慢增长的压力作用而被破碎。

（2）劈碎：物料受到尖棱的劈裂作用而被破碎的方法，适用于破碎脆性物料。

（3）击碎：物料在瞬间受到外来冲击力的作用被破碎。冲击破碎的方法很多，如静止的物料受到外来冲击物体的打击被破碎，高速运动的物料撞击钢板而物料被破碎，行动中的物料相互撞击而破碎等，此法适用于脆性物料的破碎。

（4）折碎：物料在受到两个相互错开的凸棱工作面间的压力作用而被破碎的方法，此法主要适用于破碎硬脆性物料。

（5）磨碎：物料受到两个相对移动的工作面的作用，或在各种形状的研磨体之间的摩擦作用而被粉碎的方法，该法主要适用于研磨小块物料。

4.4.3.2 粉碎设备

在炭素工业中，不论是主生产工序，还是辅料的准备和加工工序，均采用各种类型的破碎机械，主要分类如下。

（1）颚式破碎机：活动颚板对固定颚板做周期性的往复运动，物料在两颚板之间被压碎。

（2）圆锥式破碎机：外锥体是固定的，内锥体被安装在偏心轴套里的立轴带动做偏心回转，物料在两锥体之间受到压力和弯曲力的作用而破碎。

（3）辊式破碎机：物料在两个做相对旋转的辊筒之间被压碎。若两个辊筒的转速不同时，还会起到部分磨碎作用。

（4）锤式破碎机：物料受到快速回转部件的冲击作用而被破碎。

（5）球磨机。

（6）反击式破碎机：物料被高速旋转的板锤打击，使物料弹向反击板撞击。

（7）悬辊式环辊磨机（雷蒙磨）。

（8）轮碾机：物料在旋转的碾盘上被圆柱形碾轮压碎和磨碎。

具体叙述如下。

（1）颚式破碎机的结构和工作原理。

如图 4-8 所示，颚式破碎机的主要部件是两块颚板，其中一块固定不动，另一块的上端安装在动颚轴上，而另一端则与偏心轴连接做周期性摆动或平行移动，原料加入两块颚板夹成的破碎腔内。颚式破碎机工作时，活动颚板对固定颚板做周期性的往复运动，当动颚板摆动到接近固定颚板时，原料块受颚板的挤压、劈裂和冲击而破碎成小块，并从破碎腔的下部排出。

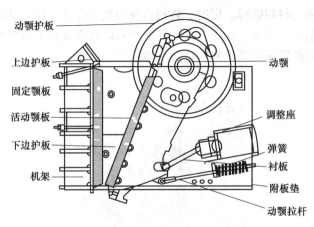

图 4-8　颚式破碎机结构

（2）对辊式破碎机的结构和工作原理。

如图 4-9 所示，对辊式破碎机（又称双辊式破碎机）的工作部件是两个大小相同、相对方向转动的圆柱形金属辊筒。工作时两个辊体相对旋转，由于物料和

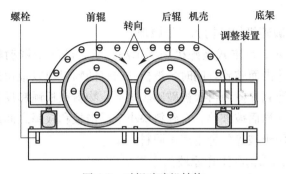

图 4-9　对辊破碎机结构

辊子之间的摩擦，将被破碎物料卷入两辊所形成的破碎腔内而被压碎。破碎颗粒从两辊之间的间隙处排出，借助变动两个辊子之间的距离来调整破碎颗粒尺寸。辊式破碎机的辊子表面分为光面和齿面，光面辊式破碎机的破碎主要是压碎和研磨；齿面辊式破碎机主要是劈碎，同时研磨。

（3）锤式破碎机的结构和工作原理。

锤式破碎机是以冲击形式破碎物料的一种设备，分单转子和双转子两种形式，是直接将最大粒度为 600～1800mm 的物料破碎至 25mm 或 25mm 以下的一段破碎用破碎机。锤式破碎机适用于在水泥、化工、电力、冶金等工业部门破碎中等硬度的物料，如石灰石、炉渣、焦炭、煤等物料的中碎和细碎作业。锤式破碎机主要是靠冲击能来完成破碎物料作业的。如图 4-10 所示，锤式破碎机工作时，电机带动转子做高速旋转，物料均匀地进入破碎机腔中，高速回转的锤头冲击、剪切撕裂物料致物料被破碎。同时，物料自身的重力作用使物料从高速旋转的锤头冲向架体内挡板、筛条，大于筛孔尺寸的物料阻留在筛板上继续受到锤子的打击和研磨，直到破碎至所需出料粒度最后通过筛板排出机外。

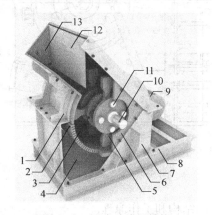

图 4-10　锤式破碎机结构

1—上机体；2—算条板；3—锤盘；4—出料口；5—锤头；6—侧衬板；
7—下机体；8—支座；9—电机；10—传动轴；11—锤头轴；12—入料口挡板；13—衬板

（4）反击式破碎机的结构和工作原理。

如图 4-11 所示，反击式破碎机是利用高速旋转的转子带动板锤转动，物料受到板锤的强烈冲击而破碎。同时，被板锤击打的物料块以很快的速度沿切线方向飞向反击板，受到冲撞而再次被破碎。这样，物料在板锤和反击板构成的破碎腔中受到反复的冲撞而被破碎，直到料块小于反击板和板锤之间的间隙而排出为止。这种设备常用于破碎各种生产返回料。

（5）球磨机的结构和工作原理。

如图 4-12 所示，球磨机主体是一个用厚钢板制成的筒体，筒体的两端为带

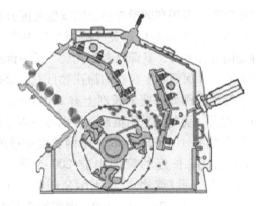

图4-11　反击式破碎机结构

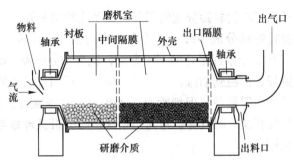

图4-12　球磨机结构

有加料及出料装置的端盖，筒体内壁镶有耐磨衬板，筒体中部开有长方形的人孔，作为添加钢球和检修时进入用，平时用盖板堵上。球磨机由电动机经减速机和大齿轮带动。当物料和钢球随着筒体旋转时，钢球将物料击碎和研磨，同时在筒体转动时，钢球与物料、衬板与物料以及物料与物料之间都要产生相对位移和滑动，使物料受到反复的研磨，直至将物料磨成很小的颗粒（粉末状）。

　　常用的球磨机是一个支承在轴承或托轮之上的圆筒体，筒体内装有研磨体（钢球、钢棒或钢段等），由电动机经减速器和传动装置驱动筒体按一定的速度旋转，而筒体内的物料和研磨体在摩擦力和离心力的作用下被提升到一定的高度后泻落，使筒体内的物料被击碎。磨机运转时，研磨体也随同运动，对物料还进行研磨和挤压，因此，球磨机内的物料是在冲击和研磨的作用下逐渐被粉碎的。

4.4.4　筛分分级工艺

　　分级：把破碎后的物料，根据生产工艺要求，通过筛网把它们分成几种粒度间隔的过程，称为分级。筛分分级表示方法一般用筛子尺寸表示。筛分分析用的筛子有两种：一种是非标准筛，它是工厂根据需要自己制造的，这种筛分分级粒度比较大；另一种是标准筛，多用在磨粉物料分级或做粒度分析。标准筛有两种类型：一种是泰勒标准筛，其筛号是用每英寸筛网长度中排列的筛孔数目规定的，也称目；另一种是国标标准筛，其筛号和筛孔尺寸是一致的。我国标准筛采用公制筛号，以每平方厘米筛面面积上含有的筛孔数目表示筛孔大小，用一厘米长度上筛孔的数目表示筛号。例如每厘米长度上有 100 个孔，此筛为 100 号筛，其筛孔尺寸是 0.1mm。在英、美等国采用英制筛，以每一英寸长度上筛孔数目表示筛号，筛子的"目"是指每 1in（25.4mm）筛网长度中排列的筛孔数目，例如，200 目的筛子就是指 1in 长度的筛网上有 200 个筛孔，其筛孔尺寸是 0.075mm。设 M 表示筛目数（孔/英寸），N 表示公制筛号（孔/厘米）。例如，250 目的英制筛折算成公制，$N=250/2.54 \approx 100$，即相当于 100 号公制筛[10]。

筛分流程如下。

每种规格的筛面可将物料筛分成两部分：截留在筛面的筛上料和穿过筛孔的筛下料。因此，要将物料分成多级，就要多个不同筛号的筛面。设筛面数为 n，则可分成 $n+1$ 级。把 n 个筛面组合的不同方案，就是筛分流程。筛分的三种基本流程：由细到粗流程、由粗到细流程、综合流程。工厂用得最多的是由粗到细流程。由细到粗的流程布置简单，但细筛面遇到粗料易磨损筛面，筛分效率也低；由粗到细的流程与此相反，况且保护筛面乃是保护筛分机械寿命与降低成本的重要方面，故广为采用。

4.4.5　筛分分级设备

（1）振动筛的构造和工作原理。

振动筛是一种生产率和筛分效率较高的筛分设备，操作和调整比较简便，筛网更换也很方便，能耗较低。振动筛适用于石油焦、沥青焦、无烟煤和石墨碎等多种物料的筛分。当振动筛的筛网做高频振动时，加在振动筛上的物料颗粒在筛网上跳动，小于筛网筛孔的物料掉入料仓，大于筛孔的物料向前移动进入另一容器而实现不同大小颗粒的分级。

振动筛机体被安装在 4 点支撑台上，中间装有弹簧，由电动机通过"V"形皮带驱动振子（振动器）的两根偏心轴，而获得 1000r/min 的转速，产生约 11mm 的全振幅，从而在筛面上产生直线振动，使物料经过筛面做起伏的定向运动，小于筛孔网径的物料落到筛网下面被分级，达到筛分的目的。

如图 4-13 所示，惯性振动筛的主要部件是筛框和惯性振动器。筛框安装在柱形或板形弹簧上，弹簧的下缘固定在机架上。当电动机转动时，惯性振动器产生离心惯性力使筛框急速振动，惯性振动筛的振幅不大（0.5~12mm），但频率较高，一般每分钟振动次数可达 900~1500 次甚至 3000 次[2]。

（2）回转筛的工作原理和结构。

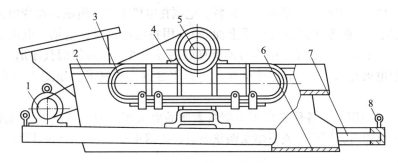

图 4-13　惯性振动筛结构

1—电动机；2—振动壳；3—弹簧弓；4—轴承；5—轴；6—筛网；7—框架；8—挂钩

回转筛的主体是一个固定在中心轴上呈圆柱形或六角锥形的筛框架，在框架上安装有带筛孔的筛板或金属丝编织的筛网，筛框由电动机经减速机带动主轴而缓慢转动。物料从一头加入，随筛框的转动而在筛网上滚动，小于筛网筛孔的物料颗粒通过筛孔落入筛框下部料仓中，大于筛孔的物料颗粒向前滚动进入另一贮料仓内。为同时得到几种粒度的物料颗粒，可安装不同规格的筛网，在筛网下面相应部位安装几个贮料仓。

4.5 炭素材料的配料

4.5.1 原料的选择

原料选择的总体原则：不同种类的炭和石墨制品，根据其用途和质量指标要求选择不同的原料，同时也考虑其经济性，在质量和用途得以保证的前提下，应尽量选用价廉和来源广泛的原料。

具体原则如下：

（1）对纯度要求较高的制品要选用灰分含量低的原料；对导电传热和热稳定性要求较高的制品要选用易石墨化的原料；制品的机械强度要求越高，则所需原料的强度也要求越高。少灰原料有石油焦、沥青焦和炭黑，在易石墨化性方面，石油焦大于沥青焦，沥青焦大于炭黑；在机械强度方面，沥青焦大于石油焦。各种石墨制品、阳极糊和预焙阳极都采用石油焦或加入25%左右的沥青焦为原料[5]。

（2）对纯度要求不高的炭素制品，可选用无烟煤和冶金焦等多灰原料。这两种原料来源较广，且价格较便宜。各种炭块和电极糊采用无烟煤为骨料，与冶金焦粉料混合配料生产，有时为了降低灰分和提高成品的导电性能也加入少量石油焦、沥青焦和石墨碎等。

（3）电机用电刷的配方组成相当复杂，高电压电机用电刷采用炭黑或炭黑和沥青焦混合料为主要原料；中等电压电机用电刷采用石油焦为主要原料；低电压电机用电刷采用鳞片石墨为主要原料。电刷在电机中的作用就是改变电流方向（电流是通过炭刷输送到电机转子上面的），用在电动工具，电钻、电锤等。电刷的材料大多由石墨制成（因为石墨有良好的导电性，质地软而且耐磨、光滑、不容易起电火花），为了增加导电性，还有用含铜石墨制成。如图 4-14 所示为电刷。

（4）炭电阻片、各种炭棒等小型炭素制品要求较高的机械强度，选用沥青焦粉为主要原料，用炭黑或石墨来调整电阻。如图 4-15 所示为炭电阻片。

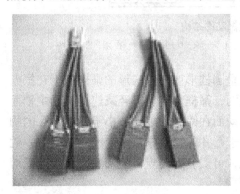 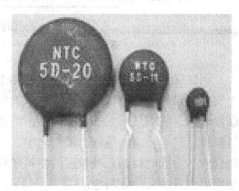

图 4-14　电刷　　　　　　　　　　　　图 4-15　炭电阻片

（5）金属-石墨制品的主要原料为铜粉、铅粉、锡粉、银粉和鳞片石墨粉等，含金属量在 75% 以内的制品要采用黏结剂。

4.5.2　黏结剂的选择

黏结剂的作用及要求：在炭素生产中，都需要按规定的比例往干料中加入一定量的黏结剂。当加热混捏时，黏结剂能浸润和渗透干料颗粒并把各种散料颗粒黏结在一起，并填满散料颗粒的开口气孔，形成质量均匀有良好可塑性的糊料，以便在成型时压制成具有一定形状的生制品。生制品在焙烧过程中，由于黏结剂自身焦化生成黏结焦把散料颗粒结合成一个坚固的整体。各种炭素制品的物理化学性能，在一定程度上取决于黏结剂的性质和黏结剂对骨料颗粒的浸润、渗透和黏结力。目前炭素制品生产所用黏结剂主要是煤沥青。

黏结剂对炭素骨料及制品的影响：固体炭素原料对黏结剂的吸附性与混捏时的黏结剂用量有直接关系。吸附性大小主要取决于原料煅烧后的宏观结构性能，并和煅烧条件有一定关系。如在氧化气氛中煅烧的原料，氧被吸附在极小的气孔和裂缝中，氧化焦炭的孔壁，而使焦炭的组织结构变得疏松。因此，吸附性增加，同一种原料不同粒度的吸附性也不一样，颗粒越小，比表面积越大，对黏结剂的吸附性也越大。

黏结剂用量对生制品及焙烧制品性能的影响：每一种使用不同原料、不同颗粒组成的配方的制品有一个最佳的黏结剂比例。实验表明，各项理化指标最佳时的黏结剂用量在 20%~22% 之间[11]。

4.5.3 炭素制品的配方

4.5.3.1 实际配方中颗粒粒级配比及大颗粒尺寸的确定

（1）各种粒级在配方中的作用。

炭和石墨制品的配料除选择原料配比外，还要确定粒度组成，即用不同尺寸的大颗粒、中颗粒和小颗粒（细粉）配合起来使用，目的是使制品能有较高的堆积密度和较小的气孔率。一般，大颗粒和细粉占较大的比例，而中间颗粒占较少比例。小颗粒（粉料）的作用是填充颗粒间的空隙，在一定范围内增加小颗粒粉料的用量，可以提高产品的密度和机械强度，减少气孔，产品表面较光洁。粉料一般在配料中占 40%~70%。

（2）配方中各种颗粒粒度配比的确定依据。

1）原料性质。不同原料颗粒的强度系数、回胀系数以及对黏结剂的吸附性能等都存在差异，因此采用不同原料生产同类制品时，各种粒度的比例也需作适当的调整。

2）产品使用要求。对那些要求密度大、强度高、气孔率小和加工后表面较细密光洁的产品，应采用较细的粒度组成；对那些要求抗热震性和抗腐蚀性好、对机械强度和气孔率要求不高的产品，则应采用较粗的粒度组成。

3）产品截面大小。产品截面大，就应该采用较大的粒度和较少的细粉；而截面较小的产品，应选用较小的粒度和较多的细粉。例如大直径石墨电极球磨粉用量为 30%~40%（在全部干料中的比例），中直径石墨电极球磨粉用量为 40%~50%，小直径石墨电极球磨粉用量达 50%~70%。

4）工艺条件和工序成品率。每种产品要尽可能在配方中减少粒度级。配方中至少要有一种粒度级的用量可以自由调节，即对于这种黏度级在配方中不做要求[1,7]。

（3）最大颗粒尺寸的确定依据。

1）原材料的材质。各种原料都含有气孔，包括开气孔和闭气孔，有些原料（如无烟煤）结构比较致密，气孔少而且较小；而有些原料（如石油焦和沥青焦）气孔多而且大，最大气孔直径可达 5~6mm。因此使用石油焦和沥青焦时，其最大颗粒尺寸应在 4mm 以下，而使用无烟煤时，则可使用 6~12mm 的颗粒。

2）产品的直径或截面积大小。大颗粒在制品中起骨架作用，产品直径或截面积越大，其配料中大颗粒的尺寸也相应增大，以提高产品的抗热震性和减少产品的热膨胀系数。设制品的直径为 A，最大颗粒尺寸为 D，则有以下经验公式：$D = 7.5 \times 10^{-3}A$。

3）产品的用途。当产品要求有较高机械强度和一定电阻时，使用的大颗粒尺寸要比经验公式计算的小，且细颗粒料相对较多。

4.5.3.2 工作配方的计算

当规定了每一锅糊料的总重后，如何根据指定的配方以及各种炭素原料在粉碎筛分后的实际粒度分布状况，进一步计算从每一种颗粒贮料斗中应取数量。计算步骤如下：

（1）从给定的原料比计算干料的百分组成。

（2）根据给定的对散料颗粒技术要求，计算各种原料颗粒级在干料中的百分组成。根据技术要求，确定使用哪几种粒度级别。把决定使用的各粒度级别颗粒进行筛分，求出各粒级的纯度。根据技术要求和筛分纯度计算出各粒级的颗粒用量，对技术要求一般取其中限，计算结果取整数。

（3）确定了各干料颗粒的百分组成后，取样进行筛分分析或验算，检查结果是否符合技术要求，若不符合，则要进行适当调整。

（4）根据每锅糊料的总重量，计算配料单中干料和沥青的用量。

（5）若糊料总重中要求配本身生碎，则应从总量中扣除生碎量，再计算各料斗应称数量，若要求配入非本身生碎，应相应扣除粒度影响和沥青差值。

4.6 混捏与成型工艺和设备

4.6.1 混捏的含义与目的

混捏的含义：炭素制品生产工艺中，经过配料所得的各种炭素颗粒与黏结剂在一定温度下搅拌、混合、捏合取得混合均匀的塑性糊料的工艺过程称为混捏。混捏是炭素制品生产的关键工序。混捏原理实质上是固体颗粒与黏结剂的相互作用过程，包括吸附、润湿与渗透。

混捏的目的：（1）使各种原料均匀混合，同时使各种不同大小的颗粒均匀地混合和填充，形成密实程度较高的混合料。（2）使干料和黏结剂混合均匀，液体黏结剂均匀分布在干料颗粒表面，靠黏结剂的黏合力把所有颗粒互相黏结起来，赋予物料以塑性，有利于成型。（3）使黏结剂部分渗透到干料颗粒的空隙中，进一步提高黏结剂和糊料的密实程度。

4.6.2 混捏工艺

4.6.2.1 混捏工艺与参数概况

混捏的工艺技术条件主要是温度和时间。炭素制品生产中，已计量配合好的原料颗粒料投入混捏锅内，按规定的混捏制度加热搅拌，锅内原料达到规定温度时，加入溶化的沥青，如果配料选用的是改质或高温沥青，则可将固体沥青与骨料、粉料同时配料加入混捏锅内加热混捏。不同用途的制品，其黏结剂的软化点有不同的要求，可以使用热处理好的煤焦油在沥青刚好软化后调整降低软化点。混捏一定时间，糊料达到出锅温度时排料进入下一工序。

（1）混捏温度。混捏过程的最佳温度视黏结剂的软化点而定。混捏最终温度应选定比黏结剂软化点高出 50~80℃，在此温度下，沥青具有较好的浸润作用。

（2）混捏时间。时间的长短主要取决于混捏机的结构性能、混合料中各组分的比例、各组分间密度的比值、混合物的密度、装料量、粒度组成等因素。糊料混捏时间过长，糊料塑性将会降低，成型困难；混捏时间过短，会使糊料达不到最佳的塑性状态[12]。

温度和时间是混捏制度的两个主要参数，两者相互制约，在实际操作中混捏时间在基本满足混捏制度的前提下视混捏温度做适当调整：混捏温度较低时，可适当延长混捏时间，混捏温度较高时，可适当缩短混捏时间；沥青软化点变化时，糊料的混捏温度随之相应变化，因此应适当改变混捏时间；由于加热条件变差，造成混捏温度上不去时应延长混捏时间。

4.6.2.2 凉料工序

经过混捏的糊料，一般温度比较高（如铝用炭素阳极糊料在 170~180℃ 左右），并含有一定数量的烟气。凉料的目的就是使糊料均匀地冷却到一定的温度，并充分排出夹在糊料中的烟气，否则生坯中就会夹入烟气而产生废品。另外，凉料也使糊料块度均匀，利于成型。

4.6.2.3 影响混捏质量的因素

（1）混捏温度。混捏温度过低，沥青黏度就会增大，流动性变差，沥青对干料的浸润性不好，造成混捏不均，甚至夹干料，不适宜于成型。温度过高，沥青氧化，轻馏分分解挥发，糊料老化，也不利于混捏成型。

（2）混捏时间。混捏时间过短，则糊料混捏不均，沥青对干料浸润渗透不够，甚至会出现夹干现象，糊料塑性变差。但混捏时间过长，对糊料的均匀程度提高甚微，反而使干料粒度组成发生变化（大颗粒遭到破碎），黏结剂氧化程度加深，混捏质量变差。

（3）干料粒度及性质。干料粒度组成相差越大，则混捏均匀性和密实性越高。干料颗粒表面粗糙，气孔多，则黏结剂能很好地黏附在颗粒表面，糊料塑性相对越好。

（4）黏结剂用量与性质。黏结剂用量过少则糊料发干，干料颗粒表面不能形成均匀分布的沥青薄膜，糊料塑性变差。随着黏结剂用量增大，糊料的流动性变好，均匀性提高，糊料塑性变好。

4.6.3　成型工艺与设备

成型是将混捏得到的糊料通过一定的塑形方式，采用相应的设备压成具有规定形状、尺寸和理化性能的生坯的工艺过程。

成型要达到两个目的：一是使制品具有一定的形状和规格；二是使制品密实，具有一定密度、强度。在炭素制品生产中，常用的成型方法有模压法、挤压法、振动成型法、等静压成型法[1,13]。

（1）模压成型法。模压成型法是将一定数量的粉料装入模具内，从上、下部单向或双向加压，使之受压成型。模压法适用于压制三个方向尺寸相差不大、密度均匀以及结构致密的制品，但模压法生产效率低。模压法常用设备为立式液压机，如图 4-16 所示。

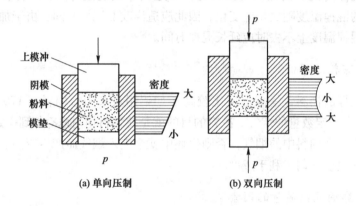

图 4-16　模压成型过程

（2）挤压成型法。如图 4-17 所示，挤压成型法是通过挤压机对装入料室的糊料施加压力，糊料不断密实和运动，最后通过挤压嘴挤出所需形状的制品。挤压成型法在炭素生产中应用最为广泛，具有产品质量均匀，生产量大，生产效率高等优点，适用于生产长条形的棒状或管状制品。挤压机可半连续生产，挤压法常用设备有卧式液压挤压机和螺旋挤压机[3]。

挤压过程中，糊料颗粒间以及糊料和模壁间存在着内、外摩擦力，这种摩擦力形成了堆挤压力的反作用力，正是由于这种反作用力的存在使糊料压实。内摩擦力的大小取决于颗粒特性、黏结剂性质、用量以及成型时的温度等因素。外摩擦力的大小与模嘴的结构形状有关，也与黏结剂的性质、用量以及摩擦面的温度有关。

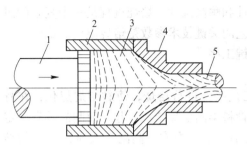
(a) 示意图

(b) 实景图

图 4-17 挤压成型过程
1—柱塞；2—糊缸；3—糊料；4—挤压嘴；5—压出毛坯

（3）等静压成型法。等静压法是利用高压容器内的液体或气体介质对装有糊粉的弹性模具从各个方向均匀加压，使糊料受压成型。等静压法可生产各向同性制品和各种异形制品，此法生产的制品结构均匀，密度高。等静压法主要设备为等静压成型机[1,2]，如图 4-18 所示。

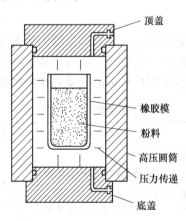
——顶盖

——橡胶模

——粉料

——高压圆筒

——压力传递

——底盖

图 4-18 等静压成型机结构

4.7 焙烧工艺与设备

4.7.1 焙烧的定义与目的

焙烧是在隔离空气和介质保护的条件下，把压型后的炭块（生块）按一定的升温速度进行加热的热处理过程。使黏结剂（煤沥青）转变为焦炭。由于生块中的沥青牢固地包裹在炭素颗粒之间的过渡层，当高温转化为焦炭后，就在半成品中构成界面炭网格层，具有搭桥、加固的作用。经过焙烧的炭素制品机械强度稳定，并能显著提高其导热性、导电性和耐高温性。焙烧过程是一个复杂的过程，伴随着许多化学变化，影响焙烧工艺的关键技术参数是焙烧温度。焙烧是影响炭素制品物理化学性能很大的一道关键工序[10]。

焙烧应达到如下目的：

(1) 黏结剂焦化：生制品按一定工艺条件进行焙烧，使黏结剂焦化，在骨料颗粒间形成焦炭网格，把不同粒度的骨料牢固地黏结在一起，使制品具有一定的理化性能。一般中温沥青的结焦残炭率为50%左右，高温（改质）沥青的结焦值在55%~60%。

(2) 固定几何形状：生制品在焙烧过程中，发生软化、黏结剂迁移现象。随着温度的升高，形成焦化网使制品硬化。

(3) 降低电阻率：在焙烧过程中，由于挥发分的排除，沥青焦化形成焦炭网格，沥青发生分解和聚合，生成大的六角碳环平面网等原因，电阻率大幅度下降。生制品电阻率大约 $10m\Omega \cdot m$，经过焙烧后降至 $40 \sim 50 \mu\Omega \cdot m$，成为良导体。

(4) 体积进一步收缩：焙烧后制品直径收缩1%左右，长度收缩2%左右，体积收缩为2%~3%[2]。

4.7.2 焙烧设备

焙烧炉是对成型的炭素制品进行焙烧热处理的热工设备。目前，我国广泛用于焙烧工序的炉窑有：倒焰窑、隧道窑、电气焙烧炉和环式焙烧炉等[6]。其中最典型的是环式焙烧炉。几种主要焙烧炉的优缺点比较如表4-2所示。

表4-2 主要焙烧炉的优缺点

项目	隧道窑	环式炉	倒焰窑	电气焙烧炉
优点	炉体结构比较简单，基建投资少；连续生产，生产效率较高；焙烧温度较均匀，产品质量稳定；易于机械化、自动化；热效率较高；容易操作，劳动强度小；操作环境好	连续生产，生产效率较高；产品质量稳定；热效率比倒焰窑高；装出炉易于机械化；焙烧升温控制调节方便	炉体结构简单，辅助设施少，投资省；在工艺操作方面灵活性大	炉体结构简单；适于小规格制品焙烧
缺点	技术要求高；使用钢材量大	炉体结构复杂，辅助设施多；基建投资大；厂房结构要求高；炉内垂直、水平温度差大，影响产品质量；炉室隔墙易变形，空心砖眼易堵塞	间歇生产，生产效率低；热效率低；劳动条件差；一般只适用于中小规格制品生产	炉芯温度不易控制，产品质量不稳定，成本高；产量低，废热不能利用

作为炭素制品的焙烧设备，焙烧炉种类虽多，但具有如下的共同特点：

（1）炭素制品在高温下会因黏结剂软化而变形，接触空气还会氧化。因此，生制品无论装入何种焙烧炉内，都要在制品周围填塞填充料（冶金焦或砂），用以保持制品的外形并隔绝空气防止制品氧化。而制品焙烧所需的热量是通过先行加热的填充料传递给制品，制品的加热和焙烧是采用间接加热的方式进行的。

（2）在焙烧过程中都有大量的挥发分排出。一部分在炉内燃烧，另一部分则进入烟道和净化系统。烧掉的为炉子提供大量的热量，未烧掉的在炉子温度较低部位可能沉积焦油，影响正常操作。

环式焙烧炉是目前世界上普遍应用的炭素焙烧炉，用于生产电极和炭块制品或半制品。该炉是指一种由若干个结构相同的炉室呈双排布置，按移动的火焰系统运转，对压型生制品进行焙烧热处理的热工设备。其特点是装制品的炉室是固定的，而对炉子供热的火焰系统则是周期性移动的。随着火焰系统的移动，炉室及其中的制品逐渐完成从低温到高温然后冷却的整个焙烧过程。能耗偏高，热量利用率较低，一般都砌筑在地下，仅炉盖裸露于地上，炉盖是由钢结构骨架和耐火材料组成，在实际生产中，高温炉室的炉盖表面温度最高达到140℃以上，热损较大。炉盖最常用的保温方式是采用硅酸盐复合保温涂料在耐火砖表面进行涂抹覆盖，它是由耐火纤维粉料、添加剂、黏结剂等组成，保温效果较好，缺点是强度较低，炭素生产行业粉尘较大，需常清扫，硅酸盐复合保温料在清扫、使用过程中逐层脱落，需要进行经常性修补，使用寿命较短[8]。环式焙烧炉车间如图4-19所示。

图 4-19 环式焙烧炉车间实景

4.7.3 焙烧过程的物理化学变化

制品在焙烧过程中化学变化主要是黏结剂煤沥青的焦化过程，即煤沥青进行分解、环化、芳构化和缩聚等反应的综合过程；物理变化是指制品的体积密度、真密度、气孔率以及强度、硬度和导电性等指标的变化。

焙烧过程可分为以下几个阶段：

（1）水分和低分子有机物的排除阶段。在第一阶段（400℃以下），当焙烧制品温度达到200℃左右时，制品的黏结剂开始软化，导致制品坯体变软，体积增大，但质量并不减少；继续加热到200~300℃时，制品内吸附水和化合水以及低分子烷烃被排除。

（2）半焦的形成过程。在第二阶段（400~700℃），当温度继续升到400℃以上时，一方面热分解更激烈进行，主要是甲基以及较长的侧链分解产生 CH_4、H_2、CO 和 CO_2 等低分子化合物；另一方面基本结构单位的芳香族在500~650℃时，碳环聚合形成半焦，制品开始硬化，同时体积收缩，导电性与机械强度增加；570℃以上半焦热解并在制品的表面形成一层致密而坚固的碳层。

（3）沥青成焦过程。在第三阶段（700~900℃），在700℃以后，半焦结构分解剧烈，H_2 和 CO 大量地产生，芳香族碳核结合的程度显著提高，逐渐形成焦炭。对热不稳定的一些原子团从黏结剂的基本结构上失去，发生剧烈的分解反应。同时，具有反应能力的原子团又会相互作用产生合成、缩聚反应，生成分子量较大的分子。到900℃左右时，这种二维排列的碳原子网格进一步脱氢和收缩，就变成了沥青焦[1,12]。黏结剂焦化过程随温度变化如图4-20所示。

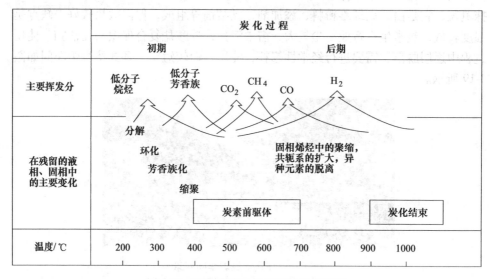

图4-20　不同温度下黏结剂的焦化形态

（4）化学变化停止，物理变化深度继续。在第四阶段（900℃以上），挥发分已基本排尽，再继续加热，制品本身的化学变化逐渐停止。为了使焦化程度更加完善，进一步提高各项理化指标（如真密度、气孔率以及强度、硬度和导电性等），产品温度还要继续升高到1000~1200℃。这阶段升温速度可以加快一些，不致影响产品的质量，并在达到最高温度后还要保温15~20h。

（5）冷却。在第五阶段，开始冷却。高温阶段要控制好降温速度，一般控制在50℃/h为宜。到800℃以下可以任其自然冷却，一般到400℃以下可以出炉。

4.7.4 焙烧曲线的制定

炭素制品的焙烧过程是通过一个从升温到降温的温度制度的实行而完成的。因此，在焙烧工序开始前必须制定一个合理的焙烧曲线。焙烧各个阶段的加热速度决定着制品所发生的物理化学变化过程。它应当保证制品中的反应进程按这样的速率来进行，即在软化状态阶段不使制品变形，在黏结剂热分解形成固体残炭阶段不使制品弯曲、变形、开裂，并且应得到最大残炭量和骨料烧结强度。产品温度在400℃以前，制品没有显著的物理化学变化，加热速度可以适当加快，否则会产生空头变形废品。900℃以后，黏结剂的焦化过程基本结束，升温速度可以加快，这就是所谓的"两头快、中间慢"的原则[2,5]。

焙烧曲线的制定依据如下：

（1）根据产品在焙烧过程中的变化规律制定焙烧曲线。焙烧曲线应该与沥青挥发分的排出速度和沥青焦化的物理化学变化相适应。这是制定焙烧曲线的理论根据。

（2）根据产品的种类和规格制定曲线。炭块不经石墨化，烧成温度略高于电极的温度，即1300℃。电极需经石墨化，烧成温度为1200℃。炭电阻棒要求电阻率大，故最高温度控制在1000℃。大直径的制品截面大，内外温差大，为了减少裂纹废品，曲线则要求长些，升温速度要慢些，小直径的产品则相反。

（3）根据不同的压型品制定焙烧曲线。生制品中骨料颗粒大小、油量多少、压型方式不同，焙烧时所用曲线也不同。生制品体积密度大的制品，升温速度要慢些；体积密度小的制品，升温速度要快些。黏结剂用量不同的制品，升温速度也不同，用量偏大，升温速度可快些；用量偏小，升温速度可慢些。众所周知，压型品黏结剂含量小，焙烧品易开裂不易变形，反之易变形不易开裂。生制品中骨料粒度不同，选择焙烧曲线也不相同，骨料粒度大，升温速度可慢些，曲线长；骨料粒度小，升温速度可快些，曲线短一些，如超高功率电极最大粒度是8mm，而普通电极最大粒度是4mm，则它们的升温曲线不相同。

（4）根据炉型结构制定曲线。炉体结构对焙烧曲线影响较大，如φ500mm电极装入有火井带盖焙烧炉内用280h曲线则比无火井带盖焙烧炉用320h焙烧质量好。而容器焙烧则用280h曲线焙烧φ600mm电极，可获得良好的质量。

（5）根据填充料的种类和燃料的种类制定曲线。填充料的种类不同，选用的曲线也不同。如装φ400mm电极时用两种填充料焙烧成品率大不一样，用煅后冶金焦的焙烧成品率为72%，而用河砂的才42%。这就说明，大规格的制品由于填充料种类不同不能采用相同的曲线。

4.7.5 影响焙烧质量的因素

（1）黏结剂含量。生制品中黏结剂含量增加，焙烧时制品体积的变化速度和变化值急剧增大，制品的变形程度也增大。糊料中黏结剂的含量超过最佳值时，在焙烧开始阶段制品的膨胀增大；当黏结剂热解时，焙烧制品绝对收缩减小，质量损失速度和总损失量增大，变形和裂纹废品增加，因而焙烧品的理化性质变坏。

（2）黏结剂软化点。制品体积密度变化值随着黏结剂软化点的升高而增大。黏结剂软化点从 51.5℃ 增高到 85℃ 时，其密度从 1.32g/cm³ 增加到 1.35g/cm³。

（3）炭素制品升温速率。升温速度的快慢首先取决于制品直径及炉室内温度分布的均匀性。随着制品直径和炉室体积内温差的增大，制品加热速度应当减慢。200~700℃ 间是挥发分大量排出和沥青焦化期，为提高沥青的残炭率，须严格控制升温速度，过快会造成挥发分急剧排出，使制品产生裂纹，结构疏松，孔度增加，体积密度下降。不同直径的石油焦电极制品的升温速率如表 4-3 所示。

表 4-3 不同电极直径的升温速率

电极直径/mm	平均升温速率/℃·h⁻¹		
	250~450℃	450~650℃	650~850℃
150	2.6~3.0	5.2~6.0	10.4~12.0
200	2.3~2.7	4.6~5.4	9.2~10.8
250	2.1~2.4	4.2~4.8	8.4~9.6
300	1.9~2.1	3.8~4.2	7.6~8.4
350	1.7~1.9	3.4~3.8	6.8~7.6
400	1.5~1.8	3.0~3.6	6.0~7.2
500	1.3~1.5	2.6~3.0	5.2~6.0
555	1.2~1.4	2.3~2.8	4.8~5.6

（4）混捏温度、时间。焙烧时电极制品的膨胀和质量损失在混捏时间不变时随混捏温度的增加而减小，在混捏温度不变时，随混捏时间的增加而降低。实际生产中，选择适当的糊料混捏时间和混捏温度，能有效降低制品加热时的这些变化。对所研究的骨料配方组成（最大粒度不大于 4mm），混捏温度为 170℃，混捏时间为 60min 的比例最为适宜[1-3]。

（5）焙烧最终温度。实践证明，焙烧品最终焙烧温度不低于 800℃ 能保证其在石墨化炉里急剧加热的过程中的完整性。同时，石油焦电极焙烧温度提高到 800℃ 以上时能在很大程度上改善石墨化品性质[1,6]，如表 4-4 所示。

表 4-4 不同焙烧温度下炭素制品的性能

电极加热温度/℃	焙烧品电阻率/$\mu\Omega\cdot m$	石墨化品			石墨化工序合格率/%
		电阻率/$\mu\Omega\cdot m$	膨胀系数/K^{-1}	抗拉强度/MPa	
600	320	19.8	3.58×10^{-6}	3.28	45.0
750	62	10.2	2.65×10^{-6}	5.45	96.0
800	46	7.9	2.10×10^{-6}	6.23	100.0
900	32	7.0	1.82×10^{-6}	6.88	100.0

（6）装炉方式和炉箱条件。实践表明，不遵守装炉方案、装炉顺序、装炉条件以及违反制品在炉室的密封条件，将会产生变形和裂纹废品。

（7）电极长度和直径方向的温差。温差的存在决定了制品各段上的加热速度以及热处理时的最终温度的不同，因而使焙烧品和石墨化品的最终性质在长度上存在不均匀性。

（8）填充料性质。填充料的堆积密度和导热性随着水分的增加而减少，而可压缩性却增大。含水填充料能导致制品变形和未烧成。

（9）冷却速度。如出炉温度由100℃提高到800℃，在制品表面层（深10~15mm）产生的热应力，对直径为555mm、300mm、250mm（浸渍品）的用品分别由1.0MPa、1.2MPa、1.8MPa增大到12.0MPa、15.2MPa、19.4MPa。离表面50~60mm深度处，同样的制品其应力则分别由0.6MPa、0.8MPa、1.2MPa增加到7.5MPa、8.5MPa、13.6MPa等。

4.8 浸渍与石墨化工艺和设备

4.8.1 浸渍工艺与设备

4.8.1.1 浸渍的定义与目的

浸渍（impregnation）是指用非金属物质（如油、石蜡或树脂）填充炭素制品烧结件的孔隙的过程。炭素制品经焙烧后由于大量气孔的存在必然会对产品的理化性能产生一定的影响，石墨化制品的孔度增加，其体积密度下降，电阻率上升，机械强度减少；在一定的温度下的氧化速度加快，耐腐蚀也变坏，气体和液体更容易渗透，这是增加浸渍工序的原因。

浸渍的目的：减少产品孔度，提高密度，增加抗压强度，降低成品电阻率，改变产品的理化性能。其原理是在一定的温度和压力下，迫使液态浸渍剂浸入多孔材料的气孔中，以提高其体积密度和降低其渗透率。

浸渍是提高与改善炭素制品物理和化学性能的重要措施，特别是对需要高强度和高密度、低渗透的炭素制品来说，为了减少孔隙率和提高体积密度、机械强度和降低渗透率都必须经过一次或多次浸渍作业来实现。

4.8.1.2　浸渍对烧结件孔隙分布的改善

经压型后的生制品孔度很低。但是生制品在焙烧后，由于煤沥青在焙烧过程中一部分分解成气体逸出，另一部分焦化为沥青焦。生成沥青焦的体积远远小于煤沥青原来占有的体积，虽然在焙烧过程中稍有收缩但仍在产品内部形成许多不规则并且孔径大小不等的微小气孔。石墨化制品的总孔度一般为 25%~32%，炭素制品的总孔度一般为 16%~25%[8,9]。

炭素制品中包括两种不同的气孔：

（1）开口气孔：开口气孔是和外界大气相贯通的，其大小差别很大，一般气孔的孔径在 0.01~100μm 的范围内，其中孔径大于 1μm 的开口气孔约 50%以上；0.1~1.0μm 孔径的约 10%~25%；孔径 0.01~0.1μm 的约 10%~20%；小于 0.01μm 的一般在 10%以下。

（2）闭口气孔：闭口气孔是不和外界大气相贯通的，所以浸渍对闭口气孔是不起作用的。

4.8.1.3　浸渍过程与设备

炭素制品的浸渍介质一般使用煤沥青。代表性的煤沥青技术指标要求为：（1）灰分不大于 0.3%；（2）水分不大于 0.2%；（3）挥发分 60%~70%；（4）软化点 55~75℃（水银法）；（5）游离碳 18%~25%。煤沥青软化点不符合要求时，用蒽油调节，蒽油的质量指标为：水分不大于 0.5%；苯不溶物不大于 0.5%；相对密度为 1.1~1.15g/cm³。

由于沥青在浸渍过程中，要经过加热、压缩空气搅拌等，则沥青将发生氧化缩合，轻馏分跑掉，沥青分子增大，沥青软化点增高，游离碳含量增加，便会使沥青浸润能力减弱，影响浸渍效果，所以浸渍后的沥青返回到沥青贮罐内，一般在一个月之内更换一次。开始浸渍时，将焙烧出来的半成品装入铁筐内，随铁筐一起放入预热箱，在 260~320℃ 的温度下预热并保温 4h 以上。预热的目的是驱除微孔中吸附的气体，排除孔隙中吸附的水分，匹配制品本身的温度与浸渍剂温度。预热后的产品迅速连同铁筐一起装入浸渍罐内（此前浸渍罐应预热到 100℃ 以上）。然后，关闭罐盖开始抽真空，真空度要求 86660Pa 以上，抽真空时间不少于 45min。之后，向罐内加入 160~180℃ 的煤沥青，再加压。加压结束后抽出浸渍剂，并加水冷却制品[10]。

4.8.2　石墨化工艺与设备

4.8.2.1　焙烧制品石墨化的定义与目的

焙烧制品石墨化是指把制品置于石墨化炉内介质中加热到高温，使六角碳原子平面网格从二维空间的无序重叠转变为三维空间的有序重叠，且具有石墨结构的高温热处理过程。石墨化的目的有：（1）提高产品的热、电传导性；（2）提高产品的耐热冲击性和化学稳定性；（3）提高产品的润滑性、抗磨性；（4）排除杂质，提高产品强度。

焙烧制品的石墨化与焙烧工序有明显区别。石墨化制品与焙烧制品的主要差别在于碳原子和碳原子之间的晶格在排列顺序和程度上存在差异。焙烧品的碳原子排列属"乱层结构"，而石墨化品属"石墨结构"，内部微观结构不同。它们在宏观表现的理化性质也不同，从表4-5可知，焙烧品经石墨化后，电阻率降低到1/10~1/8，真密度提高约10%，导热性提高10倍，膨胀系数约降低1/2，氧化开始温度提高，杂质气化逸出，机械强度有所降低[1,11]。

表4-5 焙烧品与石墨化品的性能比较

项 目	焙烧品	石墨化品
电阻率/$\mu\Omega\cdot m$	40~60	6~12
真密度/$g\cdot cm^{-3}$	2.00~2.05	2.20~2.23
体积密度/$g\cdot cm^{-3}$	1.50~1.60	1.50~1.65
抗压强度/MPa	24.50~34.30	15.68~29.40
孔度/%	20~25	25~30
灰分/%	0.5	0.3
热导率/$W\cdot(m\cdot K)^{-1}$	3.6~6.7(175~675℃)	74.5(150~300℃)
膨胀系数/K^{-1}	$(1.6~4.5)\times10^{-6}(20~500℃)$	$2.6\times10^{-6}(20~500℃)$
开始氧化温度/℃	450~550	600~700

4.8.2.2 石墨化工艺过程

浸渍后的炭素制品在石墨化过程中，按温度特性大致可分为三个时间序列阶段。

（1）再次焙烧阶段。室温至1300℃为再次焙烧阶段，经1300℃焙烧的产品具有一定的热电性能和耐热冲击性能。此阶段产品仅是预热，产品内没有多大变化，一般认为，在这阶段采用较快的温升速度，产品也不会产生裂纹。

（2）严控温升阶段。这一阶段的温度范围为1300~1800℃。在这个温度区间内，产品的物理结构和化学组成发生了很大的变化，碳平面网格逐渐转化为石墨晶格结构，同时低烃类及杂质不断向外散逸，这些变化引起结构上的缺陷，促使热应力过分集中，极易产生裂纹废品。为减缓热应力的作用，应严格控制此阶段的温升速度，防止产品产生裂纹。

（3）自由温升阶段。1800℃至石墨化最高温度，为自由温升阶段。此时产品的石墨晶体结构已基本形成，温升速度已影响不大。但石墨化的完善程度，主要取决于最高温度，所以温度越高越好。

4.8.2.3 影响石墨化效果的因素

石墨化工艺的影响因素主要是原料、温度、压力和催化剂等。

（1）原料种类。在石墨化制品生产中，选择易石墨化的原料是先决条件，在同样热处理温度下，易石墨化碳更容易成长为石墨晶体。因此，高功率电极都采用易石墨化的针状焦做原料。假如原料质量不好，特别是含硫量高，那么在石墨化过程中，这些元素的原子就会不同程度地进入碳原子的点阵，并在碳原子点阵中占据位置，造成石墨晶格缺陷，使制品石墨化程度降低。

（2）温度。温度决定着石墨化程度，表征石墨化程度的指标是石墨晶格的层间距。不同的碳材料，开始石墨化温度不同。石油焦一般在1700℃就开始进入石墨化，而沥青焦则要在2000℃左右才能进入石墨化的转化阶段。石墨化程度和高温下的停留时间也有一定的关系。但效果远没有提高温度明显。在实际生产过程中，保温操作是为了使炉内温度达到均匀，致使产品质量均匀。

（3）压力。加压对石墨化有明显的促进作用。研究者把石油焦等碳化物在1~10GPa的压力下加热时发现，在1400~1500℃的低温下就开始石墨化。相反，减压对石墨化有抑制作用[1~3,9]。实践证明，如果石墨化在真空条件下进行，则它将达不到一般大气压下能够达到的石墨化程度，石油焦制品层间距与大气压和温度的关系如图4-21所示。

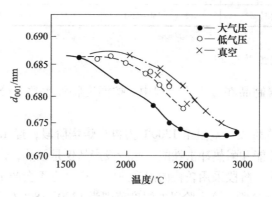

图4-21 石油焦制品层间距与大气压和温度的关系

（4）催化剂。在一定的条件下，添加一定数量的催化剂，可以促进石墨化的进行，如硼、铁、硅、钛、镍、镁及某些化合物等。催化剂的添加有最佳加入量，过多的添加必将适得其反。目前在炼钢用的石墨电极中，常用铁粉或铁的氧化物作为添加剂。

4.8.2.4 石墨化炉设备

目前，工业石墨化炉都是电热炉。按加热方式区分，可以分为外加热法、内加热法和间接加热法；按运行方式区分，可以分为间歇式生产与连续生产两种。常用的石墨化炉有艾奇逊石墨化炉、内串石墨化炉、"Π"形石墨化炉和间接加热的石墨化炉[2~4]。

石墨化炉是采用制品和电阻料做"内热源"的电阻炉。然而电阻料的电阻率是制品的99倍。因此，实际上全部焦耳热是由电阻料发出的，而电极制品的加热是通过电阻料颗粒的热传导和热辐射来进行的，所以，在石墨化炉中电极制品本身的加热是间接式的。因而，石墨化炉的发热主要是电阻料的发热。根据焦耳-楞次定律：电流通过导体时所产生的热量与通过的电流的平方成正比，也与导体电阻大小以及通电时间成正比。其计算公式如下：

$$Q = I^2 Rt$$

式中　Q——电流通过导体所产生的热量，J；

　　　I——电流，A；

　　　R——导体的电阻，Ω；

　　　t——通电时间，s。

石墨化炉在运行中，炉阻、电流、电压都在不断地变化，功率也在不断地改变，因此，实际计算应用下式：

$$Q = \overline{P}t$$

式中　$\overline{P}$——平均功率，J/s。

石墨化炉主要用于石墨粉料提纯等高温处理。它的使用温度高达2800℃，生产效率高，节能省电，带有在线测温及控温系统，可实时监控炉内的温度，并进行自动调节。

（1）艾奇逊石墨化炉：

艾奇逊石墨化炉（Acheson furnace）是指以发明者艾奇逊的名字命名的一种石墨化炉，如图4-22所示。它的雏形是：在耐火材料构筑的长形炉体内，装入炭的坯料和颗粒料，组成导电的炉芯，在炉芯的四周是绝热保温料。作为炉头的两上端墙上设置有导电电极，并与电源相连接，构成通电的回路。当电路接通，炉芯由于电阻的作用而发热升温，使炭的坯料在2200~2300℃的温度下，经高温热处理而转变为人造石墨。该炉产量大，产品规格不限，是我国用得最多的一种炉型。不过，其工艺上有不可克服的弱点，如热效率不高，操作环境、环保治理难以改善[1~3]。

（2）内串石墨化炉：

内串石墨化炉是一种不用电阻料的内热式加热炉。电流通过产品产生的"焦

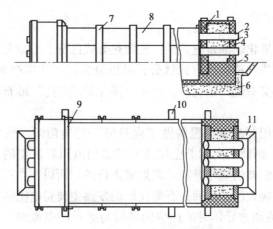

图 4-22 艾奇逊石墨化炉结构

1—炉头内墙石墨块砌体；2—导电电极；3—炉头填充石墨粉空间；4—炉头炭块砌体；
5—耐火砖砌体；6—混凝土基础；7—炉侧槽钢支柱；8—炉侧保温活动墙板；
9—炉头拉筋；10—吊挂活动母线排支承板；11—水槽

耳热"，几乎大部分加热了产品，所以产品温度比较均匀。这种炉子的工艺特点是要求电流密度高，比艾奇逊炉高 15~25 倍。由于产品自身加热快，高温时间短，故电损小，热损少，工艺本身不用电阻料，简化了工艺操作。炉芯温度可达 2700℃以上，石墨化程度高，能量利用率达到 49%。这种炉子只能石墨化大规格产品，且要用针状焦生产超高功率石墨电极。内串石墨化炉结构如图 4-23 所示。

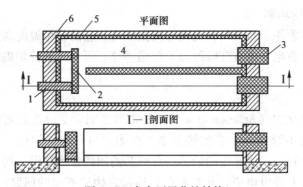

图 4-23 内串石墨化炉结构

1—炉尾电极；2—导电石墨块；3—炉头电极；4—中间隔墙；5—耐火砖墙；6—红砖墙

内串石墨化炉是石墨化工艺中最有优势的一种，与艾奇逊炉相比具有单位小时升温快、热效率高、电耗低、送电时间短、电极质量均匀等优点。内串石墨化炉在国内经过多年的发展已形成很大的生产能力，其装备水平和工艺技术日趋成熟。电单耗保持在 2800~3200kW·h，送电时间 14~18h，产品合格率 97%以上。

其产品均质性好，生产环境大为改善，许多方面已经超过了从国外引进的内串石墨化炉的经济技术水平[3~5]。

这种炉型也称卡斯特纳炉，其基本原理是将焙烧电极卧放在炉内，按其轴线串接成行，然后固定在两根导电电极之间，为减少热损失，在焙烧电极周围覆盖了保温料。通电后，电流直接流向电极，依靠其本身的电阻发热，并迅速升温，仅10h左右即可达到石墨化需要的温度，使生产周期大为缩短。串接式炉在送电过程中，电流在电极内分布均匀，从而使得电极在升温时，表里的温差很小，虽然高速升温，却不会导致制品开裂，使得缩短生产周期成为可能。同时，由于不依靠电阻料来传递热量，当然也没有这部分的热量消耗，仅这两项，构成了串接式炉比艾奇逊炉更为节能的基础，且具有可自动化控制、改善劳动条件等优点。

（3）"Ⅱ"形石墨化炉：

"Ⅱ"形石墨化炉实际上是将两台艾奇逊石墨化炉合并后串联的一种新炉型，如图4-24所示。这种炉子由于导电电极都在炉子的一侧，所以省去了一般石墨化炉两侧必需的移动母线排，因此节约电能。缺点是中间炉墙易损坏，全炉产品质量不均[3]。

（4）间接加热的石墨化炉：

间接加热的石墨化炉是一种用焦粒作电阻发热体的管式炉，待石墨化产品可连续通过一根埋在焦粒中的石墨管而实现石墨化。间接加热的石墨化炉中，待石墨化炭制品不与电源直接接触，加热到石墨化温度所需的热量通过感应途径从另一个发热体传递过来。炉体尺寸常为$1m^2$，石墨管的内径为50mm，长2m。通电后，石墨管的心部温度可达2500℃。这种石墨化炉只能生产小规格产品。

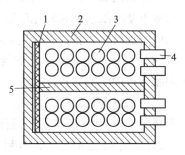

图4-24　"Ⅱ"形石墨化炉结构

1—石墨块砌体；2—炉墙；

3—装入产品（立装）；

4—导电电极；5—隔墙

4.9　炭素材料制备新技术及发展趋势

4.9.1　炭素材料制备新技术

（1）一种炭素阳极及其制备方法。山东圣泉新材料股份有限公司公开了一种含有酚醛树脂的炭素阳极及其制备方法。炭素阳极的原料是包括骨料85%~95%和黏结剂5%~15%。原料按质量比例混料、成型、热处理，得到所述炭素阳极。其中，黏结剂主要以液体酚醛树脂为主体，与沥青作为黏结剂相比，可实现常温混料，成型工艺采用模压成型，工艺简单，操作条件温和；利用酚醛树脂加热固化后，具有尺寸稳定性优异的特点，在焙烧阶段可实现快速升温，缩短了焙烧时间，提高了生产效率。

（2）一种炭素制品浸渍保护剂及其制备方法。成都百里恒新材料有限公司公开了一种浸渍保护剂。由以下质量份的组分制成：磷酸 10~80 份、氢氧化铝 10~60 份、水 10~80 份。浸渍保护剂浸渍后炭素制品的强度能够得到大的提高，也能够延长其使用寿命。

（3）一种改性炭素基电极糊的制备方法。王召惠发明了一种改性炭素基电极糊，以石油焦为固体炭素材料，煤焦沥青为黏结剂，改性多壁碳纳米管作为改性剂，并辅以堇青石粉料和氧化铝粉等制备得到改性炭素基电极糊。首先将煤焦沥青和石油焦混合熔化得到熔融液，再对多壁碳纳米管进行纯化，接着利用双卤族元素—氯元素和碘元素对纯化多壁碳纳米管表面进行热掺杂。另外，利用这些填料对体系内部进行有效的填充，使电极糊的强度得到提高，该技术将混合氧化物与羧甲基纤维素钠和氧化锆颗粒混合球磨并加热合成得到堇青石粉料，继续向体系中添加氧化铝粉，有效地提高了电极糊的热导率。

（4）一种炭素制品生产的混捏方法。中国铝业股份有限公司公开了一种炭素制品生产的混捏方法。其特征在于将配好的干料采用微波发生器进行微波加热后，再与沥青进行混捏，其加热的温度为 120~220℃。本发明的方法有效地缩短了干料的干混时间，降低因干混时间过长导致的糊料粒级配比的偏差。最重要的是，提高干料干混的温度，有利于在湿混阶段沥青对干料的浸润，提高糊料的流动性、可塑性和均质性。

（5）复式炭素煅烧炉。宁夏中炭冶金有限公司公开了一种复式炭素煅烧炉。包括 B 炉体、下料管、A 炉体、热烟气输送管道、尾气排出管道、粉尘过滤网。煅烧炉竖直设置，A 炉体和 B 炉体串联设置。将 A 炉体排出的高温余烟通入 B 炉体火道煅烧无烟煤，将 A 炉体煅烧后的余烟循环再利用于原料煤的煅烧，降低了能耗。其中，A 炉膛温度为 1800~2200℃，B 炉体料道温度为 900~1100℃。在尾气排出管道上加装粉尘收集桶、粉尘过滤网，减少了烟气对环境的污染，整个复式炭素煅烧炉既环保又节能。

（6）一种炭素煅烧单体炉的燃烧系统。长宁炭素股份有限公司公开了一种炭素煅烧单体炉的燃烧系统，包括若干个燃烧器和燃气系统。燃气系统为燃烧器提供燃料来源，并可通过控制燃气系统来实现控制燃烧器的目的；燃烧器安装在炉盖内侧壁上，沿炉盖内侧壁呈环形分布，与炉盖内侧壁不垂直，炉盖上端中部安装有与燃烧器配套使用的扰动风机，燃气系统与燃烧器连通。本发明不仅可保证炉体内的温度均匀性较高，还不会占用炉体空间，同时还利于排烟过程的顺利进行，也不会对炉体内的料箱造成不良影响。

（7）一种炭素阴极糊料的微波间歇式加热装置。洛阳薪旺炭素材料有限公司公开了一种炭素阴极糊料的微波间歇式加热装置，包括支撑板和支撑腿。在支撑板的下部两侧分别间隔设有多条支撑腿，支撑板上面的两侧均设有滑槽，在支撑板上面的中部的凹陷内设有微波腔体。在支撑板一侧的滑槽上设有 U 形的滑板，滑板通过底面两侧的滑条与支撑板一侧的滑槽相配合设置。在微波腔体内部的底面两侧设有与滑板相配合的滑道，上部设有微波源，在微波腔体内部的一侧面上设有凹槽，另一侧面上设有与凹槽相对应的长孔，在长孔与凹槽之间设有推拉门。该实用新型结构简单，从物料的内部进行加热，加热相比电加热受热均匀，通过控制器控制实现了自动化控制，具有更高的安全性。

（8）一种石墨电极接头及其制备方法。方大炭素新材料科技股份有限公司公开了一种石墨电极接头。该接头由糊料和碳纤维组成，糊料由原料石油焦和占原料石油焦 32%~34% 的黏结剂液态煤沥青混捏而成，其中原料石油焦分为石墨电极接头粉料石油焦和石墨电极接头石油焦骨料。糊料的制备方法为：现将一部分黏结剂液态煤沥青先与石墨电极接头粉料石油焦混捏得到石墨电极接头糊料，然后在电极接头糊料中加入石墨接头石油焦骨料和剩余黏结剂液态煤沥青混捏均匀后得到糊料。碳纤维加入石墨电极接头糊料中，其中碳纤维的加入量占糊料重量的 0.01%~2%。该技术工艺简单、性能优异；碳纤维超高功率接头体积密度小于 1.83g/cm^3，抗折强度大于 25MPa，弹性模量在 15~20GPa 之间；减少了接头一次浸渍和一次焙烧工艺过程，故该石墨电极接头在成本降低或基本保持不变的前提下实现了性能大幅提升，简化了工艺流程。

（9）一种耐铁水侵蚀高炉炭砖及其制备方法。方大炭素新材料科技股份有限公司公开了一种耐铁水侵蚀高炉炭砖。该技术以不同粒级的高温电煅煤为基料，加入一定比例硅粉、白刚玉微粉、二氧化钛微粉和碳化硅共混，采用中温煤沥青做黏结剂，经过混捏、压型、焙烧、精加工制备而成。本发明采用振动成型方式，使用了新的工艺配方和技术，利用成熟的生产设备，生产出铁水溶蚀指数在 12% 以下，氧化率小于 5%，耐压强度大于 45MPa，其他指标达到超微孔炭砖理化指标的耐铁水侵蚀高炉炭砖。生产的产品质量满足高炉炉缸、炉腹、出铁口及铁口溜槽的技术设计和使用要求。

（10）一种短流程高密高强各向同性石墨的制备方法。成都炭素有限责任公司公开了一种短流程高密高强各向同性石墨。该技术将低喹啉高温煤沥青在密闭反应釜中真空低温热处理，再经机械粉碎制成平均粒度为 10~25μm 的粉料 A；将平均粒度为 10~25μm 的煤沥青中间相碳微球在真空干燥箱中预处理一定时间制得粉料 B；将粉料 A 和粉料 B 按一定比例配料，经机械加压混合制得压粉；将制好的压粉装入橡胶模具中，静置 0.5h 加压排气、密封抽真空，再经等静压成型制得生坯；将生坯置入不锈钢有底无盖坩埚内，加填充料，将装有生坯的不锈钢坩埚放入炭化炉内，按 1~10℃ 缓慢升温至 1100℃，并在 1100℃ 保温 5~8h，自然冷却至室温取出炭化坯料；炭化坯料进行石墨化处理，石墨化温度 2600℃ 以上，自然冷却后完成短流程高密高强各向同性石墨的制备。

（11）一种超硬等静压石墨及其制备方法。成都炭素有限责任公司公开了一种超硬等静压石墨。该技术制备方法包括：将煅后石油焦、煅后沥青焦、石墨颗粒分别经过粉碎，与炭黑粉混合后得到骨料；将骨料预热，加黏结剂，在 150～180℃下强力混合 1～3h，经挤压、剪切、分散、混炼、造粒，冷却至常温，破碎，得到平均粒径不大于 20μm 的压粉；将压粉装入橡胶质模具，密封抽真空，在 130～180MPa 下等静压成型，得到生坯；将生坯以 1～5℃/h 升温至 950～1150℃，得到炭坯体；将炭坯体进行石墨化处理。该方法制备的超硬等静压石墨材料，具有硬度超高、结构致密、均匀性好、各向同性度高、生产成本低、生产周期短等特点。

（12）一种用于超高功率石墨电极的双柱内串石墨化生产方法。吉林炭素有限公司公开了一种超高功率石墨电极的双柱内串石墨化生产方法。步骤如下：焙烧品进料；装炉；母线连接和加压顶推；按送电曲线送电；停电、保压和卸压；冷却；出炉；移交。该技术实现了产量高、能耗低、质量稳定的目标，具有生产组织顺畅、操作简便易行、产品质量稳定、单炉产能高的优点。

4.9.2 炭素材料制备技术发展趋势

（1）加强质量检测。国内与国外在炭素产品的生产技术及质量产生差距的主要原因之一，便是我国目前的炭素产品的质量检测方式较为落后，制定的生产标准较低，对产品的主要性质没有较高要求，例如物理性质中的空气渗透率、热导率和微量元素 V、Na、Fe、Ca 等。由于国内外的市场状况不同，导致对于铝用炭素的要求有着明显的差异性，国内标准较为松懈，正是这种生产标准，使产品的质量出现差异化，所以质量检测的提升刻不容缓[14]。

（2）提高产品质量。炭素阳极的消耗与炭素产品的质量有着很大的关系，而且对于槽的使用寿命也会造成一定的影响。在铝用炭素生产的过程中，由于企业受到自身技术水平的约束以及投入资金的不足，导致所采用的原料以及具体工艺也不相同，因此造成产品质量有优有劣。并且对于很多的炭素生产企业技术角度来看，生产技术的不足，是直接导致质量出现差异的主要原因，国内的炭素产品生产质量需要有效提升[15]。

（3）更新设备技术。在炭素生产企业中，另一个较为严肃的话题便是生产设备的问题，在大多数企业中，对生产设备没有一定的维修以及保养标准，导致生产设备跟不上时代的需求，呈现相对落后的情况。生产设备的落后，使其无法与先进的生产工艺相匹配，最终导致生产水平低下，材料以及能源额外浪费的情况。设备的老化，带来的另一个问题便是环境问题，老化的设备对于环境也造成极大的影响，破坏生态平衡。适时更新设先进设备，提高设备技术水平是行业技术发展的趋势，如开发和改进现行的焙烧炉。中国的焙烧炉能耗水平普遍较国际先进水平高，炉寿命也相对短，应对运行的焙烧炉开展全方位的热平衡测试与计算，通过电子仿真技术和先进的材料，优化出进一步节能环保的新型焙烧炉。

未来行业在设备开发和改进的主要方向包括：

1）煅烧系统配套设备的开发与应用，包括加料的计量与自动控制，煅烧炉热工制度的自动化控制，排料系统的自动控制完善等；

2）新型高效环保的破碎筛分一体化设备的开发与应用；

3）更高效连续混捏机的开发与应用；

4）大型真空振动成型机的开发与应用；

5）新型结构焙烧炉及先进的控制系统；

6）先进高效的残极清理设备[16]。

（4）改进阴极炭块。阴极是铝用炭素中的一个重要类型，其主要是电解过程中起到导电的作用，并且在这个过程中，还要承受冰晶石熔体的侵蚀，承受高温熔盐的电解过程的电化学作用。因此，铝用阴极的质量要求是非常高的。电解槽的寿命对铝的成本影响非常大，并且在报废的时候，会对周围环境造成严重的影响。另外，若是想保证电解槽的使用寿命，一定要研发新的抗钠侵蚀的阴极炭块，并且其质地一定要均匀，这样才能保证铝用阴极的使用性能，为铝用阴极带来良好的发展方向[17]。

（5）改进预焙阳极。预焙阳极在电解生产的过程中，不仅需要承受导电的作用，在电化学反应中也会产生一定的作用。但是，若是预焙阳极的质量相对较差，就会导致电解槽的热平衡性相对较差，电解质炭渣含量高，导电性差，电流效率降低，进而消耗大量的电能。预焙阳极的质量相对较高的话，需要的电阻率也相对较高，这样预焙阳极可以具有较好的抗氧化性能。

（6）优化煅烧和焙烧工艺。煅烧在提升炭素质量的过程中，是非常有效的一种方式。在煅烧的过程中，需要对煅烧阶段的温度进行严格的控制，一般情况下为 1100~1200℃，并且煅烧时间一定要在 20 天左右，这样可以在一定的程度上提升铝用炭素的密度，进而提升炭素的质量。通过煅烧的方式，也可以将炭素中氢含量有效地去除，并且将炭素的水分排出，将其体积处于收缩的状态，以此避免阳极和阴极在生产骨料时出现开裂的现象。由此看来，煅烧是提升铝用炭素质量的一项非常有效的方式，为铝用炭素的发展给予了一定的支撑。

在炭素发展的过程中，焙烧也是提升炭素质量的重要手段。在焙烧的过程中，为了保证炭素的质量，首先需要采用先进的炉型，要具备密封性相对较好、火道结构合理、热效率相对较高等特点，这样可以有效地实现节能的目的。在焙烧的过程中，需要采用先进的燃烧装置，并且与计算机网络控制系统连接，这样可以将焙烧温度的误差进行良好的控制，进而保证炭素的质量。同时，需要根据焙烧温度变化的情况制定曲线。根据炭素焙烧阶段的大小，对其温度进行调节，这样不仅避免对能源的消耗，提升炭素的质量，对周围环境也不会造成太大的影响，有利于炭素的发展进程[18]。

（7）环保技术有待进一步突破。炭素行业的环保技术及装备，虽然能满足当前环保政策的要求，但是在环保技术理论上没有根本性突破。业内应用的几种环保技术和方法主要是从电力行业移植过来的，虽然从目前来看，移植较为成功，但是炭素行业的烟气治理与电力行业还是有所不同的。未来，在炭素行业环保技术理论上还需要有新的建树和突破，形成行业自身的理论体系。加大已成熟的煅烧余热发电技术和加热导热油技术的推广应用，以及煅烧、焙烧的低压烟气余热利用技术的开发。

（8）加快新工艺、新技术突破。阳极生产工艺有三种模式：
1）回转窑+连续混捏+成型+焙烧；2）罐式炉+混捏锅+成型+焙烧；3）罐式炉+连续混捏+成型+焙烧[19]。近年来，虽在设备大型化、高效化、智能化和节能减排等技术方面取得长足进步，但在开发新的更优更合理的工艺上没有根本性突破。总体来讲，应采用新型耐火材料延长炉衬使用寿命和进一步改进热工制度，优化回转窑燃烧室窑尾烟气燃烧的有效控制，提高控制水平，减少烧损率，开展热能的充分利用。采用罐式炉煅烧石油焦的生产工艺技术优化的主要方向是：实现石油焦煅烧配料均质化，提高罐式炉自动控制水平，实现加料的自动计量，加强罐式炉配套设备的改进，加强煅烧炉在线技术参数（负压、温度等）的测定与管理。加大破碎、筛分系统的粉尘收集技术的开发和应用，推广应用自动配料技术，降低磨粉系统的噪声等。炭阳极焙烧工艺技术的优化方向是：进一步开发新型结构焙烧炉和新型节能材料，优化和推广燃料自动控制技术，开展焙烧烟气余热的综合利用。

参 考 文 献

［1］钱湛芬. 炭素工艺学［M］. 北京：冶金工业出版社，1996.

［2］赵志凤. 炭材料工艺基础［M］. 哈尔滨：哈尔滨工业大学出版社，2017.

［3］蒋文忠. 炭石墨制品及其应用［M］. 北京：冶金工业出版社，2017.

［4］中国电石工业协会. 电极糊的生产与应用［M］. 北京：化学工业出版社，2015.

［5］蒋文忠. 炭素机械设备［M］. 北京：冶金工业出版社，2010.

［6］童芳森. 炭素材料生产问答［M］. 北京：冶金工业出版社，1991.

［7］李瑛娟，宋群玲. 炭素生产机械设备［M］. 沈阳：东北大学出版社，2017.

［8］沈曾民. 新型碳材料［M］. 北京：化学工业出版社，2003.

［9］沈曾民，张文辉. 活性炭材料的制备与应用［M］. 北京：化学工业出版社，2006.

［10］王成扬，陈明鸣，李明伟. 沥青基炭材料［M］. 北京：化学工业出版社，2018.

［11］梁大明，孙仲超. 煤基炭材料［M］. 北京：化学工业出版社，2011.

［12］郑经堂，黄振兴. 多孔炭材料［M］. 北京：化学工业出版社，2015.

[13] 王艳辉，臧建兵．超硬炭材料［M］．北京：化学工业出版社，2017.

[14] 高天明．中国天然石墨未来需求与发展展望［J］．资源科学，2015（5）：1059-1063.

[15] 李玉峰．膨胀石墨的尺寸效应及其对油吸附的影响［J］．非金属矿，2006（4）：12-14.

[16] 赖奇．攀枝花细鳞片石墨发展的节点问题探讨［J］．攀枝花科技与信息，2007（1）：31-34.

[17] 钟琦，谢刚．高纯石墨生产工艺技术的研究［J］．炭素技术，2012（4）：55-58.

[18] 张伟琦．关于铝用炭素设备及生产技术发展的分析［J］．机械加工与制造，2017（11）：53-55.

[19] 李智．浅谈铝用炭素生产存在的问题和解决措施［J］．科技创新与应用，2019（1）：235-237.

5 高纯石墨的生产工艺与装备

5.1 概述

天然石墨根据其结晶程度不同，可分为晶质石墨（鳞片）和隐晶质石墨（土状）两类。晶质石墨矿石的特点是品位不高，固定碳含量不超过10%，局部富集地段可达20%，但该类石墨矿石可选性好，浮选精矿品位可达85%以上，是自然界中可浮性最好的矿石之一。隐晶质石墨的品位较高，固定碳含量一般60%~80%，最高95%，但矿石可选性较差。

高纯石墨是指含碳量大于99.9%的石墨，具有高强度、高密度、高纯度、化学稳定性高、结构致密均匀、耐高温、导电率高、耐磨性好、自润滑、易加工等特点，广泛应用于冶金、化工、航天、电子、机械、核能等工业领域。高纯石墨在电子信息等领域的用途如图5-1、图5-2所示。

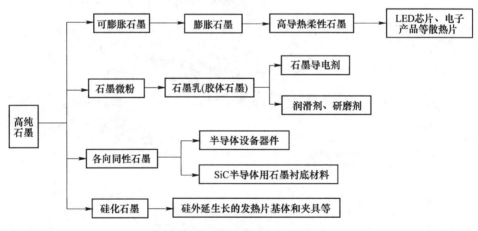

图 5-1　电子信息用高纯石墨产业

随着技术的不断发展，普通的高碳石墨产品已不能满足各行各业的要求，因此需要进一步提高石墨的纯度。但我国的石墨加工技术水平较低，产品多以原料和初级产品为主，产品的高杂质含量使其应用范围受限。这样，一方面国产石墨产品在国际市场价格低廉，造成大量石墨资源外流；另一方面本国市场需要的高纯超细石墨制品则多依赖进口。因此，针对高纯石墨制备工艺进行研究，具有现实意义。

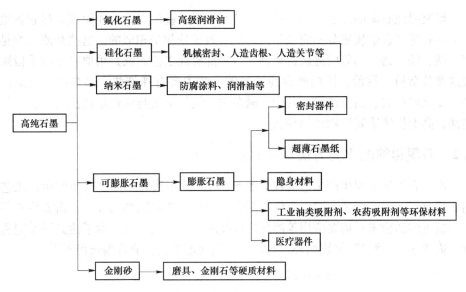

图 5-2　高纯石墨其他应用

石墨提纯质量的高低决定着石墨材料的使用特性和综合性能，石墨纯度越高，应用价值越高。不管是用于人造金刚石的原料、锂离子电池的阴极材料、燃料电池的双极材料、密封或导热的柔性石墨材料，还是用于航空航天、国防、核工业的特殊石墨材料，都要求石墨的纯度为含碳 99%~99.99%，甚至更高。

典型石墨原料的化学成分如表 5-1 所示。

表 5-1　典型石墨原料的化学成分

规格		50目、80目及100目
物质		含量/%
固定碳		96.82
微量元素	SiO_2	1.72
	Al_2O_3	0.699
	Fe_2O_3	0.489
	P_2O_5	0.006
	CuO	0.005
	TiO_2	0.009
	MoO_3	0.007
	Cr_2O_3	0.003
	MnO	0.002
	PbO	<0.002
	CdO	<0.0002
	CaO	0.096
	MgO	0.053
	K_2O	0.038
	Na_2O	0.053
	Σ	3.18

　　研究提纯石墨的方法，必须首先查清存在于石墨矿中的杂质组成。尽管各地的天然石墨所含杂质成分不完全相同，但大致成分却是相似的。这些杂质主要是钾、钠、镁、钙、铝等的硅酸盐矿物，石墨的提纯工艺，就是采取有效的手段除去这部分杂质。目前，国内外提纯石墨的方法主要有浮选法、碱酸法、氢氟酸法、氯化焙烧法、高温法等。其中，碱酸法、氢氟酸法与氯化焙烧法属于化学提纯法，高温提纯法属于物理提纯法。

5.2　石墨提纯的主要方法

　　高纯石墨的主要生产工艺流程如图 5-3 所示。很明显，高纯石墨的生产工艺与石墨电极的生产工艺不同。高纯石墨需要结构上各向同性的原料；需要将原料磨制成更细的粉末；需要应用等静压成型技术，焙烧周期长；为了达到所希望密度，需要多次的浸渍-焙烧循环，石墨化的周期也要比普通石墨长得多[1]。

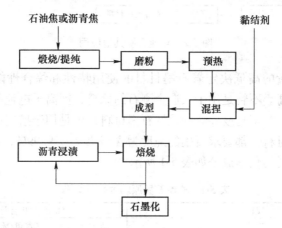

图 5-3　高纯石墨生产工艺流程图

5.2.1　浮选法

　　浮选法是一种比较常用的提纯矿物的方法，由于石墨表面不易被水浸润，因此具有良好的可浮性，容易使其与杂质矿物分离，在中国，基本上都是采用浮选法对石墨进行选矿。

　　石墨原矿的浮选一般先使用正浮选法，然后再对正浮选精矿进行反浮选。采用浮选法就能得到品位较高的石墨精矿。浮选石墨精矿品位通常可达 80% ~ 90%，采用多段磨选，纯度可达 98% 左右[2]。

　　浮选晶质石墨常用捕收剂为煤油、柴油、重油、磺酸酯、硫酸酯、酚类和羧酸酯等，常用起泡剂为 2 号油、4 号油、松醇油、醚醇和丁醚油等，调整剂为石灰和碳酸钠，抑制剂为水玻璃和石灰。浮选隐晶质石墨的常用捕收剂是煤焦油，常用起泡剂是樟油和松油，常用调整剂是碳酸钠，常用抑制剂是水玻璃和氟硅酸钠。

使用浮选法提纯的石墨精矿，品位只能达到一定的范围，因为部分杂质呈极细粒状浸染在石墨鳞片中，即使细磨也不能完全单体解离，所以采用物理选矿方法难以彻底除去这部分杂质，一般只作为石墨提纯的第一步，进一步提纯石墨的方法通常有化学法或高温法。

5.2.2 碱酸法

碱酸法是石墨化学提纯的主要方法，也是目前较成熟的工艺。该方法包括 NaOH-HCl、NaOH-H_2SO_4、NaOH-HCl-HNO_3等体系。其中 NaOH-HCl（H_2SO_4）法最常见[1]。

碱酸法提纯石墨的原理是将 NaOH 与石墨按照一定的比例混合均匀进行煅烧，在 500~700℃的高温下，石墨中的杂质如硅酸盐、硅铝酸盐、石英等成分与氢氧化钠发生化学反应，生成可溶性的硅酸钠或酸溶性的硅铝酸钠，然后用水洗将其除去以达到脱硅的目的；另一部分杂质如金属的氧化物等，经过碱熔后仍保留在石墨中，将脱硅后的产物用酸浸出，使其中的金属氧化物转化为可溶性的金属化合物。而石墨中的碳酸盐等杂质以及碱浸过程中形成的酸溶性化合物与酸反应后进入液相，再通过过滤、洗涤实现与石墨的分离。而石墨的化学惰性大，稳定性好，它不溶于有机溶剂和无机溶剂，不与碱液反应；除硝酸、浓硫酸等强氧化性的酸外，它与许多酸都不反应，特别是能耐氢氟酸；在 6000℃以下，不与水和水蒸气反应。因此石墨在提纯过程中性质保持不变。高纯石墨碱熔和酸浸工艺如图 5-4 所示[2]。

碱酸法提纯石墨的过程可分为碱熔和酸解两个过程。碱熔过程的主要化学反应如下：

$$SiO_2 + 2NaOH == Na_2SiO_3 + H_2O \uparrow$$
$$Al_2O_3 + 2NaOH + 3H_2O == 2NaAl(OH)_4$$
$$Fe^{3+} + 3OH^- == Fe(OH)_3 \downarrow$$
$$Ca^{2+} + 2OH^- == Ca(OH)_2 \downarrow$$
$$Mg^{2+} + 2OH^- == Mg(OH)_2 \downarrow$$
$$C + O_2 + 2NaOH == Na_2CO_3 + H_2O \uparrow$$

在合适的温度下，$Na_2O \cdot mSiO_2$ 可形成低 m 值可溶于水的硅酸钠，反应物用水洗涤就可达到提纯的目的。

石墨原料料包经机械吊装放置在投料口上方，投料口粉尘经集气罩收集滤芯除尘器处理后排放。将料包中的石墨粉料通过气力输送进入石墨粉料仓，再经计量罐投入到混料搅拌机内。回收 30%碱液经计量泵打入到混料搅拌机内，搅拌均

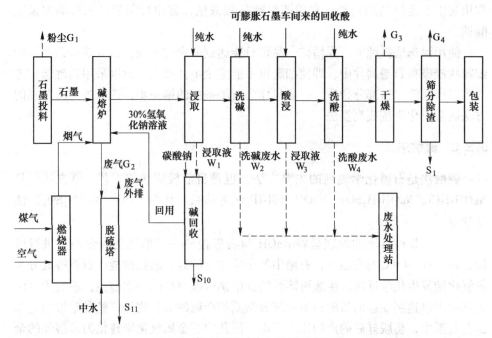

图 5-4　高纯石墨碱熔和酸浸工艺流程

匀后投入到回转式碱熔炉内，开启碱熔炉夹套加热，熔融温度为 500~800℃，反应 1h 左右。

碱熔炉为封闭设备，间接加热，热源为煤气发生炉来的煤气经燃烧器燃烧产生的高温烟气。在 500~800℃ 的高温下，石墨中的杂质如硅酸盐、硅铝酸盐、石英等成分与氢氧化钠发生化学反应，生成可溶性的硅酸钠或酸溶性的硅铝酸钠，部分铁、钙、镁等转化为氢氧化物，仍以固体形式存在于石墨中。

碱熔炉废气包括煤气燃烧气和碱熔过程中挥发的水蒸气以及极少量碱性气体。碱熔炉为间接加热，热源为煤气燃烧产生的高温烟气通入碱熔炉外部夹套进行加热，加热后的烟气和碱熔炉内的废气一起收集由管道引出，各台碱熔炉废气单独引出，集中进入脱硫塔脱硫处理，最终经一根排气筒排放。脱硫塔采用双碱法。

碱熔反应结束后，开启排料阀，物料经螺旋输送机送入连续洗涤槽，加纯水搅拌浸出。碱熔反应物中的可溶性的硅酸钠或酸溶性的硅铝酸钠溶于水中，经真空抽滤后，浸出液排入碱回收池，滤饼加水洗涤去除多余的碱，经 3~4 级清洗后，再次过滤后得到脱硅后的石墨。碱浸出液排入碱回收池回收烧碱，洗碱废水收集后排入废水处理站处理。

碱浸出液含有大量氢氧化钠、碳酸钠等，排入碱回收池，碱液泵入苛化器，加入生石灰苛化处理。用蒸汽间接加热到 95℃ 左右反应 30min，回收氢氧化钠溶液，补充部分碳酸钠回收得到 30% 的碱液，进入碱熔炉做原料。沉淀渣由苛化器底部排出，碱回收率 60% 左右。

碱回收反应原理如下：

$$CaO + H_2O === Ca(OH)_2$$
$$Na_2SiO_3 + Ca(OH)_2 === CaSiO_3 + 2NaOH$$
$$Na_2CO_3 + Ca(OH)_2 === CaCO_3 + 2NaOH$$
$$2NaAl(OH)_4 + 3Ca(OH)_2 === 3CaO \cdot Al_2O_3 \cdot 6H_2O\downarrow + 2NaOH$$

碱熔过程中产生的污染物有碱熔炉投料粉尘、洗碱废水、煤气燃烧废气等。碱熔炉投料粉尘经集气罩收集、滤芯式除尘器净化后排放。洗碱废水中主要是硅酸钠或酸溶性硅铝酸钠以及过量碱，排入废水处理站处理。碱熔炉加热煤气燃烧产生的二氧化硫通过双碱法脱硫。

酸解时，将脱硅后的产物用酸浸出，使其中的金属氧化物转化为可溶性化合物，而石墨中的碳酸盐等杂质以及碱浸过程中形成的酸溶性化合物与酸反应后进入液相，再通过过滤、洗涤实现与石墨的分离。反应如下：

$$Fe_2O_3 + 3H_2SO_4 === Fe_2(SO_4)_3 + 3H_2O$$
$$CaO + H_2SO_4 === CaSO_4 + H_2O$$
$$MgO + H_2SO_4 === MgSO_4 + H_2O$$
$$2Fe(OH)_3 + 3H_2SO_4 === Fe_2(SO_4)_3 + 6H_2O$$
$$Ca(OH)_2 + H_2SO_4 === CaSO_4 + 2H_2O$$
$$Mg(OH)_2 + H_2SO_4 === MgSO_4 + 2H_2O$$

以某年产 3 万吨高纯石墨工艺为例，高纯石墨酸化用酸为可膨胀石墨车间回收的酸液。脱硅后的石墨送入酸洗槽，可膨胀石墨车间回收的酸投入酸洗槽，开启搅拌，常温下反应 2h。金属氧化物转化为可溶性的金属化合物，而石墨中的碳酸盐等杂质以及碱浸过程中形成的酸溶性化合物与酸反应后进入液相。反应结束后真空过滤，浸出液排入废水处理站，滤饼经水洗涤至中性，洗酸废水排入废水处理站处理。滤饼排出送入烘干机[3]。

烘干时，将提纯净化结束后的石墨滤饼送入烘干器，采用蒸汽间接加热，烘干作业分两段进行，以确保产品水分不大于 0.5%。第一段双桨叶式不锈钢干燥机，先将水分由 30% 降至 7%~8%；二段选择工作平稳可靠、不扬尘的节能型不锈钢盘式干燥机，物料与热介质不直接接触，保证石墨纯度。烘干器为封闭设备，烘干过程中的石墨粉尘经滤芯式除尘器捕集、净化后的废气排放。烘干后的石墨进行筛分除渣，进一步去除石墨产品中的大比重盐类杂质以及粒度不符合要求的粉末等，合格产品包装入库。

碱酸法可获得固定碳含量为 99% 以上的石墨产品。此法在工业上应用较广，已从土法手工操作过渡到采用熔融炉及 V 形槽连续洗涤的比较先进的工艺。熔融过程可在旋转的管式熔炉中进行，也可用铸铁锅在人工搅拌下进行，但安全性较差。熔融温度为 500~800℃，反应 1h 左右。用碱量视矿石性质而定，一般为 400~450kg/t。酸用量为 450~500kg/t，在常温下进行酸洗。碱酸法的缺点在于需要高温煅烧，能量消耗大，且反应时间长，设备腐蚀严重。另外从目前的文献来看，其高纯石墨的纯度达不到 99.9% 的要求。

5.2.3　氢氟酸法

任何硅酸盐都可以被氢氟酸溶解，这一性质使氢氟酸成为处理石墨中难溶矿物的特效试剂。1979 年以来，国内外相继开发了气态氟化氢、液态氢氟酸体系以及氟化铵盐体系的净化方法。其中，液态氢氟酸法应用最为广泛，它利用石墨中的杂质和氢氟酸反应生成溶于水的氟化物及挥发物而达到提纯的目的[4]。主要化学反应如下：

$$Na_2O + 2HF = 2NaF + H_2O$$

$$K_2O + 2HF = 2KF + H_2O$$

$$Al_2O_3 + 6HF = 2AlF_3 + 3H_2O$$

$$SiO_2 + 4HF = SiF_4 \uparrow + 2H_2O$$

但氢氟酸与 CaO、MgO、Fe_2O_3 等反应会得到沉淀。其反应如下：

$$CaO + 2HF = CaF_2 \downarrow + H_2O$$

$$MgO + 2HF = MgF_2 \downarrow + H_2O$$

$$Fe_2O_3 + 6HF = 2FeF_3 \downarrow + 3H_2O$$

为解决上述沉淀问题，在氢氟酸中加入少量的氟硅酸、稀盐酸、硝酸或硫酸等，可以除去 Ca、Mg、Fe 等杂质元素的干扰。当有氟硅酸存在时，其反应如下：

$$CaF_2 + H_2SiF_6 = CaSiF_6 + 2HF$$

$$MgF_2 + H_2SiF_6 = MgSiF_6 + 2HF$$

$$2FeF_6 + 3H_2SiF_6 = Fe_2(SiF_6)_3 + 6HF$$

氢氟酸法提纯时，把石墨与一定比例的氢氟酸在预热后一起加入带搅拌器的反应器中，待充分润湿后计时搅拌，反应器温度由恒温器控制，到达指定时间后及时脱除多余的酸液。滤液循环使用，滤饼经热水冲洗至中性后脱水烘干即得产品。

氢氟酸法是一种比较好的提纯方案，20 世纪 90 年代已实现工业化生产，欧美等国比我国使用更普遍。由于该法对设备腐蚀性大，而且毒性强，十多年前就有人用稀酸和氟化物两步处理来脱除石墨中的杂质。日、法等国专利曾介绍用氟化氢铵或氟化铵与含碳量 93% 的石墨粉反应，可将石墨的固定碳含量提高到 99.95%。鉴于氢氟酸的巨大毒性，生产过程必须有严格的安全防护和废水处理系统。

5.2.4 氯化焙烧法

氯化焙烧法是将石墨粉掺加一定量的还原剂，在一定温度和特定气氛下焙烧，再通入氯气进行化学反应，使物料中有价金属转变成熔沸点较低的气相或凝聚相的氯化物及络合物而逸出，从而与其余组分分离，达到提纯石墨的目的[3]。

石墨中的杂质经高温加热，在还原剂的作用下可分解成简单的氧化物如 SiO_2、Al_2O_3、Fe_2O_3、CaO、MgO 等，这些氧化物的熔沸点较高，见表5-2。而它们的氯化物或与其他三价金属氯化物所形成的金属络合物（如 $CaFeCl_4$、$NaAlCl_4$、$KMgCl_3$ 等）的熔沸点则较低，见表5-3。这些氯化物的汽化逸出，使石墨纯度得到提高。以气态排出的金属络合物很快因温度降低而变成凝聚相，利用此特性可以进行逸出废气的处理。

表 5-2　主要氧化物杂质的熔沸点　　　　　　　　　　（K）

氧化物	SiO_2	Al_2O_3	Fe_2O_3	CaO	MgO
熔点	1713	2054	1565	2900	2800
沸点	2950	2980		3500	3600

表 5-3　部分氯化物杂质的熔沸点　　　　　　　　　　（K）

氯化物	$SiCl_2$	$AlCl_3$	$FeCl_3$	$MgCl_2$	$CaCl_2$
熔点	-68.8	192.6	304	714	775
沸点	57.6	181.1	316	1412	1600

典型的工艺步骤是：将石墨试样和一定比例的还原剂焦炭混合装入刚玉管内，在刚玉管下部设置瓷筛板和瓷球，以阻隔石墨料柱的下落，同时将刚玉管两端密封不漏气。将刚玉管置于炉内加热，首先通入氮气赶出管内的空气，防止高温时石墨氧化。达到设定温度时，关闭氮气，开始通入氯气，氯化反应生成的挥发性氯化物或络合物通过冷凝瓶，过滤后排入大气。氯化反应经过一定的时间后，关闭氯气，再通入氮气赶出残余氯气及氯化物气体。

氯化焙烧法具有节能、提纯效率高（>98%）、回收率高等优点。氯气的毒性、严重腐蚀性和严重污染环境等因素在一定程度上限制了氯化焙烧工艺的推广应用。当然该工艺难以生产极限纯度的石墨，且工艺系统不够稳定，也影响了氯化法在实际生产中的应用，此法还有待进一步改善和提高[2]。

5.2.5 高温法

石墨是自然界中熔沸点最高的物质之一，熔点为 3850 ± 50℃，沸点为4500℃，而硅酸盐矿物的沸点都在2750℃（石英沸点）以下，石墨的沸点远高于所含杂质硅酸盐的沸点。这一特性正是高温法提纯石墨的理论基础。

　　将石墨粉直接装入石墨坩埚，在通入惰性气体和氟利昂保护气体的纯化炉中加热到2300~3000℃，保持一段时间，石墨中的杂质会逸出，从而实现石墨的提纯。高温法一般采用经浮选或化学法提纯过的含碳99%以上的高碳石墨作为原材料，可将石墨提纯到99.99%，如通过进一步改善工艺条件，提高坩埚质量，纯度可达99.995%以上。

　　高温法能生产99.99%以上的超高纯石墨，但要求原料的固定碳大于99%，且设备昂贵，投资大，生产规模又受到限制。电炉加热技术要求严格，需隔绝空气，否则石墨在热空气中升温到450℃时就开始被氧化，温度越高，石墨的损失就越大。因此，只有对石墨质量要求很高的特殊行业（如国防、航天）采用高温法小批量生产高纯石墨[4]。

5.3　石墨提纯方法的优缺点

　　浮选法是矿物常规提纯方法中能耗和试剂消耗最少、成本最低的一种，这是浮选法提纯石墨的最大优点。但使用浮选法提纯石墨时只能使石墨的品位达到有限的提高，对于鳞片状石墨，采用多段磨矿不但不能将其完全单体解离，而且不利于保护石墨的大鳞片。因此，采用浮选的方法进一步提高石墨品位既不经济也不科学。若要获得含碳量99%以上的高碳石墨，必须用化学方法提纯石墨[4]。

　　（1）碱酸法。碱酸法提纯后的石墨含碳量可达99%以上，具有一次性投资少、产品品位较高、工艺适应性强等特点，而且还具有设备常规、通用性强（除石墨外，许多非金属矿的提纯都可以采用碱酸法）等优点。碱酸法是现今在我国应用最广泛的方法。其缺点则是能量消耗大、反应时间长、石墨流失量大以及废水污染严重。

　　（2）氢氟酸法。氢氟酸法最主要的优点是除杂效率高，所得产品的品位高，对石墨产品的性能影响小，能耗低。缺点是氟氢酸有剧毒和强腐蚀性，生产过程中必须有严格的安全防护措施，对于设备的严格要求也导致成本的升高。另外，氢氟酸法产生的废水毒性和腐蚀性都很强，需要严格处理后才能排放，环保投入也使氢氟酸法成本低的优点大打折扣。

　　（3）氯化焙烧法。氯化焙烧法低的焙烧温度和较小的氯气消耗量使石墨的生产成本有较大的降低。同时，石墨产品的含碳量与用氢氟酸法处理后的相当，相比之下氯化焙烧法的回收率较高。但因氯气有毒，腐蚀性强，对设备操作要求较高，需要严格密封，对尾气必须妥善处理，所以在一定程度上限制了其推广应用。

　　（4）高温法的最大优点是产品的含碳量极高，可达99.995%以上；缺点是须专门设计建造高温炉，设备昂贵，一次性投资多，另外，能耗大，高额的电费增加了生产成本。而且，苛刻的生产条件也使这种方法的应用范围极为有限，只有国防、航天等对石墨产品纯度有特殊要求的场合才考虑采用该方法进行石墨的小批量生产，工业上还无法实现推广。

比较分析表明，石墨提纯的几种方法各有千秋，也都具有一定的缺陷。碱酸法易操作，生产成本低，对生产条件的要求也较低，但是生产的石墨固定碳含量较低，从目前看都无法达到 99.9%。氢氟酸法除杂效果好，产品固定碳含量高，但是氟氢酸有剧毒和强腐蚀性，对安全保护措施和生产条件要求严格，而且废水不易处理。氯化焙烧法因氯气有毒和强腐蚀性，也需严格密封。高温法可生产非常高品位的高纯石墨，但是因为自身限制目前无法得到推广，仅在小范围内得到应用。

5.4 高纯石墨生产设备

目前，石墨提纯大体包括化学提纯和物理法提纯，化学提纯有碱酸法、氢氟酸法、氯化焙烧法；物理法提纯有高温法（又叫热工法）。不同的提纯工艺所适用的提纯装备也不一样。石墨的熔点为 3850±50℃，是自然界熔沸点最高的物质之一，远远高于杂质硅酸盐的沸点。利用它们的熔沸点差异，将石墨置于石墨化的石墨坩埚中，在一定的气氛下，利用特定的仪器设备加热到 2700℃，即可使杂质气化从石墨中逸出，达到提纯的效果[2,5]。

5.4.1 高温提纯装备

高温提纯装备主要有艾奇逊炉、推舟式连续高温提纯炉、连续式高温石墨提纯炉等。高温石墨化炉成套设备主要包括以下部分：炉体、感应加热器、中频电源（晶闸管变频装置）、真空系统、测温及控温、液压进出料机构、水冷系统等。该设备的关键技术是感应加热器的设计，包括感应线圈、发热体、绝热保温炉衬、石墨坩埚等组成部分，如图 5-5 所示。感应加热器和电源的合理搭配，是加热、保温的关键。

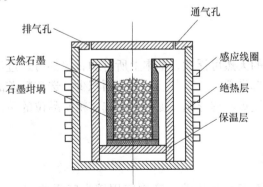

图 5-5　石墨高温提纯电感应加热器示意图

艾奇逊炉车间如图 5-6 所示。优点：设备简单，产量较大；缺点：生产周期长，不同区域品质不同，尾气无组织排放，污染严重。

图 5-6　艾奇逊炉车间

推舟式连续高温提纯炉，如图 5-7 所示。优点：采用连续式生产，无频繁升温降温过程，能耗较低；生产周期短；尾气集中处理。

连续式高温石墨提纯炉，如图 5-8 所示。优点：可靠性高，产品纯度高，质量稳定，能耗低，产量大，环境友好。

图 5-7　推舟式连续高温提纯炉　　　　　图 5-8　连续式高温石墨提纯炉

5.4.2　浮选柱

石墨具有良好的天然可浮性，基本上所有的石墨都可通过浮选方法提纯。浮选柱是一种柱形浮选设备，具有节能、占地面积少，选矿精矿品位高、选矿比大等特点，是实现石墨短流程浮选、提高石墨选矿精矿品位的关键设备。浮选柱结构如图 5-9 所示。

5.4.3　石墨碱熔设备

碱酸法是我国石墨提纯工业生产中应用较为广泛的方法，具有一次性投资少、产品品位较高、适应性强等特点。传统的石墨碱熔设备一般是铸铁管材质

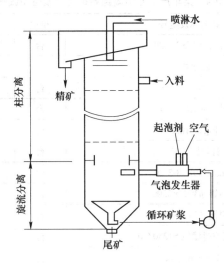

图 5-9　浮选柱结构

的，由于铸铁管最大直径为 1600mm，因此，设备台时产量都很小，生产规模没办法做大。例如，苏州中材非矿院与靖江峰力干燥成套设备有限公司经过大量的试验，较成功地解决了碱腐蚀的问题，两台 8 万吨/年、处理量较大的大型碱熔设备已在吉林通化公司安装使用[3]。

5.5　高纯石墨生产车间布置与设备选型

以某年产 3 万吨高纯石墨生产线为例，采用的是以碳含量为 96.8% 的石墨精矿为原料，通过碱熔和酸浸（硫酸）进行石墨化学提纯。其生产车间布置如图 5-10 所示，生产设备选型如表 5-4 所示[2]。

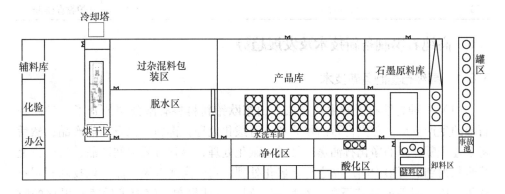

图 5-10　高纯石墨生产车间布置

表 5-4　某年产 3 万吨高纯石墨生产设备明细表

序号	设备名称及型号	单位	数量	备注
1	耐酸泵 50FSB-3-20	台	100	一用一备
2	碱熔炉	台	35	
3	混料搅拌机 WLD-1	台	35	
4	耐碱罐 ϕ3500×3500	台	100	
5	计量罐 $10m^3$	台	35	
6	计量罐 $3m^3$	台	35	
7	耐碱泵 50FSB-3-20	台	110	一用一备
8	提纯罐 ϕ3500×3500	台	110	
9	储料罐 ϕ3500×3500	台	50	
10	带式真空过滤机 S1250/10	台	35	
11	水环式真空泵	台	35	
12	双桨叶干燥机 SG-10	台	35	
13	盘式连续干燥机 PG1500-6	台	35	
14	除渣筛 ϕ2100 圆振筛	台	35	
15	滤芯除尘器 MC-68	台	35	
16	引风机 Y5-4711-5C	台	35	
17	螺杆式空压机 20 立方米	台	10	
18	Z 型斗式输送机 ZDT500	台	35	
19	Z 型斗式刮板机 XMQ250	台	35	
20	Z 型斗式刮板机 XMQ160	台	35	
21	单梁起重机 3t	台	2	
22	除渣筛 ϕ1200 圆振筛	台	35	
23	煤气发生炉	台	1	炉膛直径 3m

5.6　高纯石墨制备新技术及发展趋势

5.6.1　高纯石墨制备新技术

（1）一种高纯石墨的生产方法。山东欧铂新材料有限公司公开了一种高纯石墨的生产方法。首先将石油焦原料进行酸化处理，得到净化石油焦产品；然后将上述步骤得到的净化石油焦产品进行碳化处理，得到石墨中间产品；最后将上述步骤得到的石墨中间产品进行石墨化处理，得到高纯石墨产品。该技术利用石油焦为原料制备的高纯石墨，纯度高，制备方法简单，缩短了后续石墨化的时间，易于产业化。

（2）一种高纯石墨的制备方法。哈尔滨理工大学公开了一种高纯石墨材料制备方法。包括以下具体步骤：1）取原料石墨，放入自制石墨纯化装置中，在氮气保护下升温至1000℃，在1000~1800℃条件下由氮气载入一定量含卤混合气体处理0.5~2h；2）经步骤1）处理后所得的固体产物继续升温至2300℃，在2000~2300℃条件下通入一定量气体处理1~2h，即得高纯石墨。该高纯石墨的制备方法可降低高温法对石墨纯化温度的要求，为含碳量99.99%以上高纯石墨的工业化生产创造条件，综合成本较低，适合工业化生产。

（3）一种高纯石墨粉及其制备方法。湖南顶立科技有限公司公开了一种高纯石墨粉。取石墨粉原料添加于石墨舟皿中，将所述石墨舟皿安装在石墨提纯设备中，并通入氩气进行吹扫；在1200~1800℃温度下通入纯化气体A，保温0.5~2h；升温至2000~2400℃时，通入纯化气体B并继续通入纯化气体A；升温至2600~3000℃时，停止通入纯化气体A和纯化气体B，保温0.5~2h，降温至室温，获得高纯石墨粉；其中，在整个制备过程中需要不断通入氩气保护。该技术将气热提纯和高温提纯科学结合，将石墨粉原料中的B、Al、V等关键杂质去除干净，从而获得纯度为99.9999%及以上的高纯石墨粉，为含碳量99.9999%以上高纯石墨粉的工业化生产创造了条件。

（4）一种超高纯石墨高温石墨化炉。鸡西市贝特瑞石墨产业园有限公司公开了一种超高纯石墨高温石墨化炉，包括釜体，釜体的下端左右两侧均连接有滚轮，减震层的上方设置有冷却层，进水口的中间安装连接有第一控制阀，冷却层的内侧设置有保温层，保温层的内部卡合连接有放置箱；釜体的上端紧密贴合有顶盖，红外测温仪的外表面设置有保护外壳，出气孔的中间安装连接有第二控制阀，顶盖的右侧焊接有挂钩；釜体的右侧下方连接有放置槽，釜体的前表面左右两侧均焊接有推手。该超高纯石墨高温石墨化炉能够使该装置内部的温度达到石墨熔化时所需温度，还能对该装置内部的温度进行实时掌控，可以任意移动该装置，还能对熔化后的溶液进行冷却处理。

（5）一种硫酸及硼氢化钠废液可循环利用的高纯石墨生产工艺。原东公开了一种硫酸及硼氢化钠废液可循环利用的高纯石墨生产工艺，将石墨与稀硫酸溶液按照1∶2.5的比例混合，放入搅拌桶内，以200r/min的转速加热搅拌，加热温度为60~80℃，搅拌均匀后反应30min，之后过滤；将采用硫酸处理后的石墨与硼氢化钠溶液按照2.5∶1的比例混合均匀，在常温下以200r/min的转速搅拌，搅拌均匀后反应20min，之后过滤，所述硼氢化钠溶液的浓度为35%~40%；过滤后的石墨采用纯净水冲洗至中性，最后在50℃的温度条件下烘干即可。工艺简单，反应时间短，酸度利用合理，酸挥发损失少，工作环境安全，使用后硫酸、硼氢化钠废液可循环再用于高碳、中碳石墨的生产，资源利用率高。

（6）一种高纯石墨化学提纯连续生产方法。鸡西市同泰石墨制品有限公司提出了一种高纯石墨化学提纯连续生产方法。其包括下列步骤：1）向反应釜内加水，将石墨物料投入反应釜内；2）以石墨物料重量20%~75%的比例加入混合酸液，打开加热装置，再开启搅拌使物料混合均匀进行反应；反应时间为6~16h，反应温度为80~230℃；3）反应结束后将反应釜内物料加入浮选机内，浮选机内充满去离子水，物料在浮选机内经搅拌，多次浮选，至物料接近中性；4）把步骤3）浮选后接近中性的物料送入真空过滤机中经真空过滤后，得到高纯石墨，高纯石墨的纯度为99.9%~99.99%。本发明将间歇进料、洗料、卸料变为连续式的，形成自动化流水线作业，提高了生产效率，操作方便。

（7）一种以高温煤沥青为原料制备高纯石墨材料的方法。中国矿业大学公开了一种以高温煤沥青为原料制备高纯石墨材料的方法，步骤如下：准备原料；分别对石油焦和沥青焦进行煅烧处理；将高温煤沥青、煅后石油焦和煅后沥青焦经粗碎后投入辊磨机中制成粉末；混捏处理；凉料，出锅；粉碎制成粉末；加入硫酸溶液搅拌处理，过滤，采用纯净水冲洗至中性，烘干；装入橡胶膜套中，经高频电磁振动压实并抽真空后进行等静压成型；焙烧；浸渍；再焙烧；进行石墨化。该石墨材料纯度高，且具有结构精细致密、均匀性好、力学性能好等优点。

（8）制备高纯石墨的方法。张旭公开了一种制备高纯石墨的方法，包括如下步骤：1）取石墨原料置于反应釜，加入无机酸，酸浸，过滤，得到滤饼A；2）将滤饼A置于反应釜，加入无机酸和络合剂，搅拌，浸出，过滤得到滤液B，洗涤滤饼得到滤饼B，络合剂为柠檬酸、柠檬酸盐、EDTA、EDTA盐或者酒石酸盐，络合剂添加量为每100g石墨原料添加1~6g络合剂；3）将滤饼B置于反应釜，加入氟化铵加水配置成溶液，搅拌，浸出，过滤、洗涤，得到滤饼C、氨气、氟硅酸铵溶液，氨气用水吸收得到氨水；4）将滤饼C洗涤、烘干得到高纯度石墨，至此完成一个生产周期。石墨产品中金属杂质去除率高、成本低。

（9）一种低密度高强度高纯石墨的制备方法。平顶山市天宝碳素制造有限公司公开了一种低密度高强度高纯石墨的制备方法，采用酚醛树脂与焦粉和石墨粉混合压片，减少了制备过程中的杂质，降低了后续步骤中的焙烧废品；采用超声波处理的方式对微粉进行处理，微粉经过处理后，可以分层，最上层和最下层为颗粒均匀度较差、外观差异度较大的颗粒，剔除后，可以得到颗粒均匀度高、外观差异度小的颗粒，有利于后续步骤制备高强度高纯石墨；用超声波处理方式替代传统的等静压处理，可以得到低密度石墨；本发明在已经公开的等静压高纯石墨材料的制备方法基础上，做出了重大改进，不但精简了制备步骤，而且在保证高强度、高纯度的同时，调整了石墨密度，最终得到了低密度、高强度、高纯度的石墨材料。

（10）一种冷等静压高纯石墨的生产工艺。韩俊培公开了一种冷等静压高纯石墨的生产工艺，包括制备原料、原料混配、制备改制沥青、预混、轧制薄片、研磨、压模成型、第一次焙烧、除硬壳、第一次浸渍、第二次焙烧、第二次浸渍、第三次焙烧、第三次浸渍、石墨化、冷却出炉和分拣步骤。该技术具有工艺简单、生产效率高、成本低、产品质量高的优点。

(11) 一种石墨提纯的装置和方法。厦门大学发明了一种石墨提纯的装置和方法，涉及冶金法石墨提纯领域。一种石墨提纯的装置包括低温反应性离子气体发生器、流化床反应器、产品收集器、高温加热区和气固分离器；石墨原料通过产品收集器内部的热交换管道后进入流化床反应器，反应性离子气体经低温反应性离子气体发生器离化后进入流化床反应器，并与原料石墨中的杂质进行反应，废气经气固分离器进入废气回收器内净化，惰性气体从废气回收器输出后循环使用；同时，气固分离器中的石墨进入高温加热区进行高温提纯；高温提纯后的石墨进入产品收集器并与原料石墨进行热交换。采用低温反应性离子气体结合流化床工艺，从而实现低能耗、低污染、低成本的石墨洁净冶炼提纯。

(12) 一种石墨提纯离心净化设备及其使用方法。大同新成新材料股份公司公开了一种石墨提纯离心净化设备及其使用方法，其中的石墨提纯离心净化设备包括筛选室，所述筛选室上设有粗料排放口，所述粗料排放口内固定安装有出料管。出料管的一端延伸至筛选室的外侧并连接有分选箱，分选箱的一侧开设有通孔，出料管固定安装在通孔内。通孔的顶部内壁和底部内壁上分别开设有安装孔和滑槽，安装孔和滑槽内滑动安装有同一个粗筛板。所述通孔的底部内壁上开设有两个沉积槽，粗筛板位于两个沉积槽之间。所述分选箱的顶部一侧开设有凹槽。本发明实用性能高，结构简单，操作方便，便于对筛选室筛选出的粗料进一步筛选，且能够防止粗料中细料堵塞粗筛板，便于对粗筛板进行拆卸清理，方便了人们的使用。

(13) 一种石墨提纯系统。湖南顶立科技有限公司公开了一种石墨提纯系统，包括：进料仓和加热室；加热室内设有与进料仓连通的进料管道；设于加热室内且用于加热进料管道内物料的第一加热电极和第二加热电极；与加热室连通、位于加热室下端的冷却室；与冷却室连通的出料机构。本申请提供的石墨提纯系统与现有技术相比，能够明显提高石墨粉纯度，极大程度上改善了提纯产品的质量。

(14) 超高温连续式石墨提纯设备及方法。沈阳中禾能源科技有限公司发明了一种超高温连续式石墨提纯设备及方法，属于冶金工程非金属材料制备技术领域。其特征在于：石墨电极中的一根位于炉子中心，另一根中空环形电极环于中心电极外，同心布置；石墨化区域位于环形电极与中心电极之间的区域；电极下端插入炉本体的深度为炉本体高度的 2/3~4/5；集尘装置位于整个设备的最上方；炉本体底部开口处与炉底冷却设备相连通。生产的高纯散状人造石墨平均固定碳含量在 99.95% 以上，平均石墨化度高于 95%，平均电阻率小于 $100\mu\Omega \cdot m$，真密度大于 $2.22g/cm^3$，各项物性指标均达到高纯石墨的要求。

5.6.2　高纯石墨制备发展趋势

（1）隐晶质石墨除杂提纯。对天然隐晶质石墨除杂提纯的研究日趋深入，目前几种提纯技术虽然都具有一定的优势，但各自也存在一定的不足，如用物理选矿法处理隐晶质石墨效果不好，精矿品位不高，一般在79%~90%左右，石墨回收率也很低；使用酸碱法生产高碳石墨存在生产成本高、工艺流程复杂、回收率低以及废水污染严重等问题；氢氟酸法存在毒性大、腐蚀性严重及三废污染严重等缺点；氯化焙烧法提纯过程中尾气难处理，污染严重，对设备腐蚀严重，氯气成本较高等缺点。随着我国社会和经济发展模式的转变，绿色提纯技术的发明与创新是天然隐晶质石墨除杂提纯工艺的发展方向，确保在整个提纯过程中不产生环境污染或环境污染最小化，同时达到节约资源和能源，提高资源利用率的要求。一方面继续优化各提纯工艺，采用多种提纯工艺联合使用的方式，降低提纯成本和能耗，减少废水、废渣的产出，另一方面加大对酸洗液等副产品的开发与利用，如对酸洗液再次利用制得聚合氯化铝铁和无定形二氧化硅，不失为隐晶质石墨矿产资源的综合利用的一条新途径[6,7]。

目前研究对隐晶质石墨进一步深加工需要考虑以下问题。1）提高纯化效率：改善药剂制度，完善、减少加工工序，选用实用高效设备，提高除杂效率。2）避免环境二次污染：选择药剂方面需选择无毒、无污染、价格低、来源广的药剂或研究绿色环保高效新型药剂。3）节能降耗：考虑到加工成本，可添加催化剂，对原矿预处理，连续化作业，废水回收利用等尽量减少能源消耗及资源综合回收，实现环保可持续性发展。

（2）高纯石墨提纯工艺整体优化。未来高纯石墨的发展方向将是生产出结构和性能一体化，并且综合性能良好的产品。目前国内外生产高纯石墨的工艺流程基本相同，但一些关键工艺还不够成熟，如：混捏、压型、石墨化等，存在流程的复杂性、工艺参数的协调性及各工艺参数最优化等问题。一些可以借鉴改进的工艺措施如：1）等静压。采用热等静压，研究和开发大缸径、高温高压的热等静压机，并探索更合理的等静压工艺。2）焙烧。采用可自动控温的焙烧炉（精度为1℃/h及以下），焙烧温度的控制和升降温曲线的优化等，使压坯在焙烧时更加致密，更易石墨化。3）石墨化。采用内串石墨化炉，保证炉体温度的均匀，最高温度的控制应达到或超过2800℃等，以达到理想的石墨化程度[8]。

（3）加强规模化生产，提升综合竞争力。我国行业内企业规模普遍较小，大多数企业生产规模较小，产品质量不高，研究开发能力低，抗风险能力较差。高纯石墨作为高新技术产品，属于国家鼓励发展产品。我国高纯石墨技术近几年有了明显的发展，但是当前国内掌握产品生产技术的企业数量并不多，技术掌握较为困难，这也成为影响产业规模扩大的主要因素。而未来国内能否有更多的企业掌握产品生产技术，进行产业规模的扩大，也是行业未来能否更好发展的重要影响因素。同时，应加强与日本东海碳素公司、德国西格里碳素集团、美国步高石墨有限公司等国外高纯石墨厂商交流合作，强化综合实力[9,10]。

（4）加强新兴领域高纯石墨产品研发。未来石墨消费的主要增长领域是高技术产业，如光伏、半导体材料领域、锂电池、燃料电池等领域。等静压石墨是近年新涌现出的一种新型炭素材料，在电阻率、弯曲强度、压缩强度等方面都优于高纯石墨，且由于其特有的各向同性，被广泛用于单晶硅制造、高气冷堆、机械密封、块孔式热交换器、精密电子仪器加工等领域。当前高纯石墨在核工业、航空航天等行业的应用才刚开始，下游厂商逐渐加大对高纯石墨产品的应用，但产品应用占比还非常低[11]。

参 考 文 献

[1] 赵志凤. 炭材料工艺基础［M］. 北京：哈尔滨工业大学出版社，2017.

[2] 陆玉峻. 电炭［M］. 北京：机械工业出版社，1995.

[3] 钱湛芬. 炭素工艺学［M］. 北京：冶金工业出版社，1996.

[4] 蒋文忠. 炭石墨制品及其应用［M］. 北京：冶金工业出版社，2017.

[5] 李玉峰. 膨胀石墨的尺寸效应及其对油吸附的影响［J］. 非金属矿，2006（4）：12-14.

[6] 钟琦，谢刚. 高纯石墨生产工艺技术的研究［J］. 炭素技术，2012（4）：55-58.

[7] 谢刚. 高纯石墨制备现状及进展［J］. 云南冶金，2011（1）：48-51.

[8] 徐博会. 隐晶质石墨提纯技术研究现状与展望［J］. 河北工程大学学报，2017（2）：86-89.

[9] 张琳. 隐晶质石墨提纯研究进展［J］. 化工进展，2017（1）：261-267.

[10] 葛鹏. 石墨提纯方法进展［J］. 金属矿山，2010（10）：38-43.

[11] 罗立群. 石墨提纯工艺研究进展［J］. 化工进展，2014，33（8）：2110-2116.

6　石墨烯的制备技术与进展

6.1　石墨烯简介

2004 年，英国曼彻斯特大学的安德烈·K·海姆教授和科斯佳·诺沃谢洛夫研究员通过"微机械力分离法"，即通过微机械力从石墨晶体表面剥离石墨烯，首次制备出了石墨烯片层，并因此获得了 2010 年的诺贝尔物理学奖。

石墨烯（Graphene）是一种由碳原子以 sp^2 杂化轨道组成六角形呈蜂巢晶格的二维碳纳米材料，是目前已知的最薄也最坚硬的纳米材料，具有超薄、超轻、超柔韧、超高强度、超强导电性、优异的导热和透光性等特性，集透光性好、导热系数高、电子迁移率高、电阻率低、机械强度高等多种优异性能于一身；在电子学、光学、磁学、生物医学、催化、储能和传感器等诸多领域有着广阔而巨大的应用潜能，是主导未来高科技竞争的超级材料，被称为"黑金""新材料之王"。石墨烯与其他新型碳材料的外观比较如图 6-1 所示。

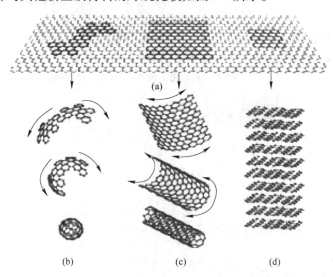

图 6-1　单原子层石墨烯与富勒烯、碳纳米管以及石墨的结构关系
（a）石墨烯；（b）富勒烯；（c）碳纳米管；（d）石墨

石墨烯是一种新型的二维碳纳米材料，其基本结构是由碳原子以 sp^2 杂化键

合形成的苯六元环。石墨烯的发现使碳材料家族更加充实完整，形成了包括零维富勒烯、一维碳纳米管、二维石墨烯、三维金刚石和石墨的完整体系。石墨烯是组成其他碳材料的基本结构单元，它可以堆积叠加形成三维的石墨，可以卷曲形成一维的碳纳米管，也可以翘曲形成零维的富勒烯。

单层石墨烯只有一个原子的厚度，其独特的单原子层结构赋予了它优异的物理化学性能：（1）石墨烯的强度是已知材料中最高的，达到了 130GPa，是钢的 100 多倍；（2）石墨烯具有很高的杨氏模量和热导率，达到 1060GPa 和 3000W/（m·K）；（3）石墨烯的平面结构使其拥有相当高的表面积，达到 $2600m^2/g$；（4）石墨烯特有的平面结构也使其拥有了奇特的电子结构和电学性质，其载流子迁移率达 $200000cm^2/(V·s)$，超过商用硅片迁移率的 10 倍以上，所以石墨烯具有非常高的电导率，达 6000S/cm；（5）石墨烯还具有室温下的量子霍尔效应、双极性电场效应、反常量子霍尔效应，使其在电子器件制造等领域具有重要的应用，对高性能电子器件的发展起到了重要推进作用[1]。

石墨烯作为一种新型的二维纳米材料，因其优异的性能在电子信息、新材料、新能源、生物医药、环境保护等诸多领域具有巨大的应用潜能和革命性变革，世界各国和跨国企业纷纷投入巨资加强石墨烯的研发、生产和应用，以期抢占产业制高点。

石墨烯制备产业链可以按照上、中、下游来分，如图 6-2 所示。

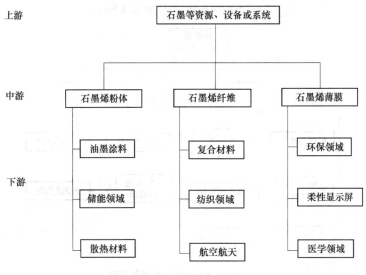

图 6-2　石墨烯产业链

上游石墨资源：石墨是碳元素的一种同素异形体，质软，黑灰色，有油腻感，可污染纸张，莫氏硬度为 1~2，一般分为致密晶体状石墨、鳞片石墨、隐晶质石墨三类。

中游石墨烯粉体：目前国内剥离法生产的石墨烯实际上至少有上千吨的年产量，相对而言成本比较低，但是质量比较差，所谓物美价廉不太存在。

中游石墨烯薄膜：薄膜一般采用 CVD 方法制备得到，是一层一层地通过高温生长出来的，现在我国年产量可以到百万吨，质量一般是比较高，价格比较贵。目前石墨烯薄膜主要应用于消费电子领域，涵盖柔性显示屏、压感控制、导热薄膜、超级电容等细分领域。

中游石墨烯纤维：纳米级的氧化石墨烯片可以纺织成长达数米的宏观石墨烯纤维。所制备的纤维不但强度高，而且韧性好，可制备内暖纤维，制造功能服饰，同时也是实现石墨烯柔性电池等应用的关键材料。

下游为五大应用领域，具体涉及传感器、晶体管、柔性显示屏、新能源电池、海水淡化、储氢材料、航空航天、感光元件、复合材料及生物等。

6.2　石墨烯制备方法

根据碳源物相及合成环境，石墨烯的制备方法可分为固相法、液相法和气相法。固相法包括机械剥离法和 SiC 外延法。氧化还原法是一种常见的液相法制备石墨烯材料的方法，除了氧化还原方法之外，在有机溶剂中剥离石墨也可以获得石墨烯。化学气相沉积（CVD）是典型的气相法。常见的石墨烯粉体生产的方法为机械剥离法、氧化还原法、SiC 外延生长法，石墨烯薄膜生产方法为化学气相沉积法（CVD）[2]。石墨烯众多的制备方法如图 6-3 所示。

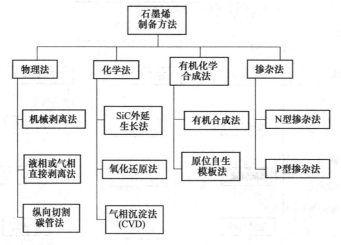

图 6-3　石墨烯的各种制备方法

6.2.1　机械剥离法

机械剥离法又称为胶带剥离法，通过对天然石墨进行微机械剥离，可以得到结构较为规整的石墨烯。剥离过程如下：首先将具有高结晶度的高定向热解石墨固定在用双面胶黏结好的玻璃板上，并使用另一片黏性胶带对其进行反复撕揭，然后不停地重复这个过程，直至得到透明的片层。最后，将样品放入有机溶剂中，胶带被溶解后便可得到石墨烯样品[3]。剥离过程如图6-4所示。

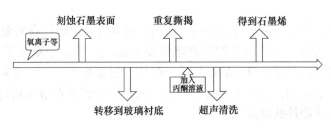

图6-4　机械剥离法制备过程

Geim等利用氧等离子束先在高定向热解石墨表面刻蚀出宽20μm~2mm、深5μm的微槽，用光刻胶将其粘到玻璃衬底上进行焙烧；再用透明胶反复地从石墨上剥离出石墨薄片，放入丙酮溶液中超声振荡；再将单晶硅片放入丙酮溶剂中，由于范德华力或毛细管力，单层石墨烯会吸附在硅片上，从而成功地制备出单层的石墨烯[3]。

该方法直接从石墨上剥离出少层或者单层石墨烯，简单易行，不需要苛刻的实验条件，得到的石墨烯保持着完美的晶体结构，缺陷少，质量高。缺点是石墨烯的生产效率极低，仅限于实验室的基础研究。

6.2.2　SiC 外延生长法

SiC外延生长法是利用高温以及高真空条件将硅原子挥发去除，得到碳原子结构，通过重排，在单晶上形成与SiC晶型相同的石墨烯单晶[4]，如图6-5所示。

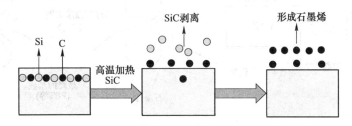

图6-5　SiC外延生长法制备过程

该方法具体是以单晶6H-SiC为原料，利用氢气刻蚀处理后，再在高真空下通过电子轰击加热，除去氧化物。用俄歇电子能谱确定样品表面的氧化物被完全移除后，在超低真空（1.333×10⁻⁸Pa）、高温（1200~1450℃）条件下，恒温1~20min，热分解去除其中的Si，在单晶（0001）面上分解出厚度受温度控制的石墨烯片。

此方法同样可以获得较大尺寸的石墨烯且质量较高。2009年，Thomas Seyller小组报道了对SiC基底进行高温退火处理后，可以得到大面积与SiC晶型相同的二维石墨烯的工艺，为大规模制备结构规整的石墨烯电子器件提供了一条新路径。

该方法制备的石墨烯电导率较高，适用于对电性能要求较高的电子器件。主要缺点是该方法会产生难以控制的缺陷以及多晶畴结构，很难获得长程有序结构，难以制备大面积厚度单一的石墨烯。此外，制备条件苛刻、成本高，要在高压、真空条件下进行，分离难度大。因此，该方法得到的石墨烯更适合在以SiC为基底的石墨烯器件的研究。

6.2.3　化学气相沉积法（CVD）

化学气相沉积法（CVD）利用甲烷等含碳气体作为碳源，在不同金属表面进行沉积生长石墨烯。通过反应物质在较高温度条件下呈气态发生化学反应，退火生成固态物质沉积在金属基体表面，是工业上大规模制备半导体薄膜材料的主要方法。如图6-6所示，CVD法制备石墨烯是通过高温加热使气体分解成碳原子和氢原子，退火使碳原子沉积在基底表面形成石墨烯，最后用化学腐蚀法去除金属基底。2009年，Hong等首次在镍层上利用CVD法沉积出6~10个原子层厚度的石墨烯。2013年，Bharathi等通过CVD法制备出了直径约为1cm的大尺寸单晶石墨烯[5]。

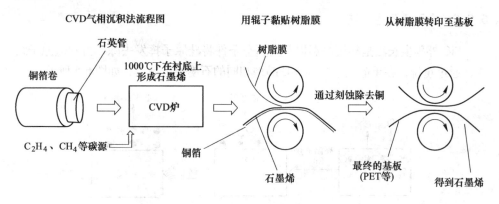

图6-6　化学气相沉积法（CVD）制备过程

此方法优点是简单易行，得到的石墨烯具有较大的尺寸及较高的规整度，而且随着研究的深入，许多小组报道了将 Cu 或 Ni 这种基底转移到各种柔性的聚合物基底上。传统 CVD 工艺的缺点是制备出的石墨烯样品形貌和性能受基底材料影响大，且制备出的石墨烯多为由纳米级到微米级尺寸的石墨烯晶畴拼接而成的多晶材料，石墨烯之间的晶界影响着石墨烯优异性能的发挥。

CVD 法被认为是最有希望制备出高质量、大面积的石墨烯，是生产石墨烯薄膜最具潜力的产业化方法。但是，该方法不适合制备大规模石墨烯宏观粉体，限制了其应用。此外，石墨烯与基底的分离是通过化学腐蚀金属的方法，需要消耗大量的酸，会对环境产生巨大的污染，同时使得成本居高不下。因此，如何从衬底上高效低成本地剥离得到完整的石墨烯是该方法面临的主要问题。

6.2.4　氧化还原法

氧化还原法可简化为"氧化—剥离—还原" 3 个步骤，如图 6-7 所示。具体为首先利用强氧化剂对石墨进行氧化处理，在石墨的表面氧化形成亲水性的羟基、环氧基和羧基等含氧基团，此过程会使石墨的层间距由原来的 0.34nm 扩大到 0.8nm，层间距离的扩大可以有效削弱层间的范德华吸引力，易于剥离；然后利用超声的方法剥离氧化石墨，超声波在氧化石墨悬浮液中疏密相间的辐射，使液体中产生大量的微小气泡，这些气泡在超声波纵向传播的负压区形成、生长，而在正压区迅速闭合，在这种被称之为"空化"效应的过程中，气泡闭合可形成超过 $1.0 \times 10^8 Pa$ 的瞬间高压，连续不断产生的高压就像一连串小"爆炸"不断地冲击石墨氧化物，使石墨氧化物片迅速剥离得到单层的氧化石墨烯；最后，在高温或者在还原性溶液中对氧化石墨烯进行还原反应，还原除去氧化石墨烯表面的羟基、环氧基和羧基等含氧基团，恢复石墨烯完美的二维 sp^2 杂化结构，得到石墨烯产品[3]。

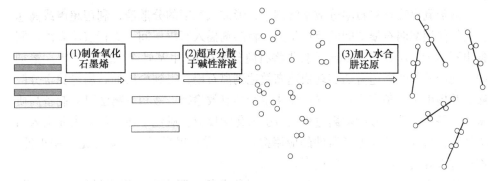

图 6-7　氧化还原法制备过程

可以看出，相比其他操作复杂、成本高或产率低的制备方法，氧化还原法可以大量、高效地制备出高质量的石墨烯，且过程相对简单，是目前大规模制备石墨烯材料的有效途径。

6.2.5 石墨插层法

石墨插层法是指通过对天然石墨片层中插入一些分子、离子或者原子团后形成一种膨胀石墨，然后对其进行加热膨胀或者超声振荡处理后得到厚度为几十纳米左右的石墨烯纳米片。

该方法以天然鳞片石墨为原料，用碱金属元素为插层剂，通过插层剂与石墨混合反应得到石墨层间化合物。石墨层间化合物从两个方面加速了石墨的剥离过程。首先，插层剂的插入增加了石墨的层间距离，削弱了石墨层间的范德华力。其次，锂、钾、铯等碱金属插入后，将一个电子输入石墨晶格中，使晶面带负电，产生静电斥力，使得石墨晶体容易发生剥离分开。最后通过超声和离心处理得到石墨烯片[4]。

该工艺的优点在于生产过程较为简单，适合大规模生产制备，目前市面上可以买到通过插层石墨得到的几百克以上的石墨烯纳米片。但是，此工艺的缺点在于强酸、强碱的引入会导致石墨烯结构的破坏，影响石墨烯性能的发挥。

该方法制备出的石墨烯片为多层（>10 层），厚度大于几十纳米，且加入的插层物质会破坏石墨烯的 sp^2 杂化结构，使得石墨烯的物理和化学性能受到影响。

6.2.6 溶液剥离法

溶液剥离法主要是利用当石墨分散在表面能与其接近的适当溶剂中，石墨烯之间的分子间范德华作用力减弱，从而通过超声处理将天然石墨在溶剂中直接剥离。

溶剂剥离法是将石墨分散于溶剂中，形成低浓度的分散液，利用超声或高速剪切等作用减弱石墨间的范德华力，将溶剂插入石墨层间，进行层层剥离，制备出石墨烯。2014 年 Paton 等首先将石墨分散在 N-甲基吡咯烷酮（NMP）溶剂中，利用简单的高速剪切实现快速高效地剥离石墨，得到少层的石墨烯稳定分散液，并提出了一条实现石墨烯规模化生产的有效途径。液相剥离法可以制备高质量的石墨烯，整个液相剥离过程没有引入化学反应，避免了在石墨烯表面引入结构缺陷，这为高性能电子器件的应用提供了优质石墨烯。主要缺点是产率很低，不适合大规模生产和商业应用[5]。

从国内石墨烯制备现状及问题方面进行分析，国内宁波墨西科技有限公司、常州第六元素材料科技股份有限公司、东莞鸿纳新材料科技有限公司、上海新池能源科技有限公司、厦门凯纳石墨烯技术股份有限公司、深圳贝特瑞新能源材料股份有限公司等企业成为石墨烯规模化生产的开拓者。虽然吨级以上的石墨烯生产线已经建成，但是石墨烯在市场化和产品化的过程中还存在许多有待解决的问题。

截至 2020 年，高质量石墨烯的规模化生产及应用尚未真正实现。其中主要原因是由于石墨烯的各种卓越的性能只有在石墨烯质量很高时才能体现，随着层数的增加和内部缺陷的累积，石墨烯诸多优越性能都将降低。目前，商业化的石墨烯产品普遍存在尺寸和层数不均匀、单层石墨烯含量低、比表面积远低于理论值、无法分级等问题。

单层高品质的石墨烯主要应用在军工、分离膜和光伏等高技术产业，可以充分发挥这种新型二维材料的高附加值特性。少层石墨烯主要应用在锂离子电池、超级电容器等能量存储领域，多层石墨烯应用在塑料、橡胶、摩擦等传统增强材料领域。因此，目前商业化的石墨烯产品满足不了各种应用领域对石墨烯的特殊需求，严重阻碍了石墨烯高性能、高附加值的大规模应用。

关于石墨烯的转移问题。许多方法都存在如何转移石墨烯的难点，石墨烯在任意基底上的完整转移是实现石墨烯在电子等领域实际应用的关键技术。对于 CVD 生长的石墨烯，通常采用聚二甲基硅氧烷（PDMS）转印法和浮动转移法实现转移。Ni、Cu 基底用 $FeCl_3$、$Fe(NO_3)_3$、$(NH_4)_2S_2O_8$ 溶液刻蚀去除。PDMS 用于保护石墨烯薄膜，尤其是对于那些没有连续成膜的石墨烯晶片，PDMS 保护法可以实现有效转移。将目标基底 SiO_2/Si 先用 N_2 等离子体处理，形成"鼓泡源"，当 Cu 被刻蚀掉后，N_2 在石墨烯和 SiO_2/Si 基底之间形成毛细桥，从而保证石墨烯薄膜仍然依附在 SiO_2/Si 基底上。这种直接面对面转移的方法降低了转移过程中产生的缺陷，而且在半导体生产线中非常适用。SiC 外延生长的石墨烯可以用金属黏附实现转移，石墨烯在不同金属上结合力不同，可以选择结合力适当的两种金属来实现选择性剥离。这种干法转移降低了 SiC 片的消耗，且可控制所转移石墨烯的层数。类似地，还有一种图案化石墨烯薄膜的方法，即将 Zn 以特定图案溅射至多层石墨烯上，采用 HCl 清洗 Zn 的过程中将一层石墨烯去除，从而实现石墨烯的图案化[1]。

综上所述，在制备技术上，石墨烯的未来发展方向是要致力于完成石墨烯的层数和尺寸的可控分级，实现分级后的石墨烯产品有针对性地应用在不同领域，才可以有效地发挥石墨烯的高附加值特性，降低应用成本，实现二维石墨烯新材料的大规模产业化应用，迅速推动我国在世界引领石墨烯的发展。

6.3　化学气相沉积法（CVD）制备石墨烯技术

6.3.1　CVD 法制备的工艺流程

代表性的 CVD 法制备石墨烯的基本过程是：把基底金属箔片放入炉中，通入氢气和氩气或者氮气保护加热至 1000℃ 左右，稳定温度，保持 20min 左右；然后停止通入保护气体，改通入碳源（如甲烷）气体，大约 30min，反应完成；切断电源，关闭甲烷气体，再通入保护气体排净甲烷气体，在保护气体的环境下直至管子冷却到室温，取出金属箔片，得到金属箔片上的石墨烯[2]。图6-8所示为石墨烯的制备过程。图6-9所示是使用金属基底通过 CVD 法制备石墨烯薄膜的主要物理化学过程。

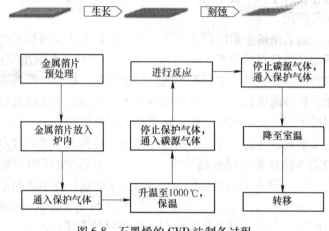

图 6-8　石墨烯的 CVD 法制备过程

图 6-9　使用金属基底通过 CVD 法制备石墨烯薄膜的主要物理化学过程

6.3.2　CVD 法制备石墨烯的影响因素

CVD 法制备石墨烯的过程主要包含三个重要影响因素：衬底、前驱体和生长条件。

（1）衬底。衬底是生长石墨烯的重要条件。目前发现的可以用作石墨烯制备的衬底金属有 8~10 个过渡金属（如 Fe、Ru、Co、Rh、Ir、Ni、Pd、Pt、Cu、Au）和合金（如 Co-Ni、Au-Ni、Ni-Mo、不锈钢）。选择的主要依据有金属的熔点、溶碳量，以及是否有稳定的金属碳化物等。这些因素决定了石墨烯的生长温度、生长机制和使用的载气类型。另外，金属的晶体类型和晶体取向也会影响石墨烯的生长质量[3]。

不同的基底材料通过 CVD 制备石墨烯的机理各不相同，主要分为两种制备机理：1）渗碳析碳机制：即高温时裂解后的碳渗入基底中，快速降温时在表面形成石墨烯；2）表面催化机制：即高温时裂解后的碳接触特定金属时（如铜），在表面形成石墨烯，并保护样品抑制薄膜继续沉积，因此这种机制更容易形成单层石墨烯。过渡金属在石墨烯的 CVD 生长过程中既作为生长基底，也起催化作用。烃类气体在金属基体表面裂解形成石墨烯是个复杂的催化反应过程，以铜箔上石墨烯生长为例，包括三个步骤[4]：

1）碳前驱体的分解：以 C 的气体在铜箔表面的分解为例，CH_4 分子吸附在金属基体表面，在高温下 C—H 键断裂，产生各种碳碎片 CH_x。该过程中的脱氢反应与生长基体的催化活性有关，由于金属铜的活泼性不太强，对甲烷的催化脱氢过程是强吸热反应，完全脱氢产生碳原子的能垒很高，因此，甲烷分子的裂解不完全。相关研究表明，铜表面上烃类气体的裂解脱氢作用包括部分脱氢、偶联、再脱氢等过程，在铜表面不会形成单分散吸附的碳原子。

2）石墨烯形核阶段：甲烷分子脱氢之后，在铜表面的碳物种相互聚集，生成新的 C—C 键、团簇，开始成核形成石墨烯岛。碳原子容易在金属缺陷位置（如金属台阶）形核，因为缺陷处的金属原子配位数低，活性较高。

3）石墨烯逐渐长大过程：随着铜表面上石墨烯形核数量的增加，之后产生的碳原子或团簇不断附着到成核位置，使石墨烯晶核逐渐长大直至相互"缝合"，最终连接成连续的石墨烯薄膜。

（2）前驱体。前驱体包括碳源和辅助气体，其中碳源包括固体（如含碳高分子材料等）、液体（如无水乙醇等）、气体（如甲烷、乙炔、乙烯等烃类气体）三大类。目前，实验和生产中主要将甲烷作为气源，其次是辅助气体，包括氢气、氩气和氮气等气体，可以减少薄膜的褶皱，增加平整度和降低非晶碳的沉积。选择碳源需要考虑的因素主要有烃类气体的分解温度、分解速度和分解产物等。碳源的选择在很大程度上决定了生长温度，采用等离子体辅助等方法也可降低石墨烯的生长温度。

（3）生长条件。生长条件包括压力、温度、碳接触面积等。它们影响着石墨烯的质量和厚度。从气压的角度可分为常压（$10^5\,Pa$）、低压（$10^{-3} \sim 10^5\,Pa$）和超低压（$<10^{-3}\,Pa$）；载气类型为惰性气体（氦气、氩气）或氮气，以及大量使用的还原性气体氢气；据生长温度不同可分为高温（$>800℃$）、中温（$600 \sim 800℃$）和低温（$<600℃$），主要取决于碳源的分解温度[5]。

6.3.3 石墨烯的转移

金属基底影响石墨烯的进一步应用，因此，合成的石墨烯薄膜必须转移到一定的目标基底。CVD 法剥离转移石墨烯至 PVA 过程如图 4-10 所示。理想的石墨烯转移技术应具有如下特点：（1）保证石墨烯在转移后结构完整、无破损；（2）对石墨烯无污染（包括掺杂）；（3）工艺稳定、可靠，并具有高的适用性。对于仅有原子级或者数纳米厚度的石墨烯而言，由于其宏观强度低，转移过程中极易破损，因此与初始基体的无损分离是转移过程所必须解决的首要问题[1]。

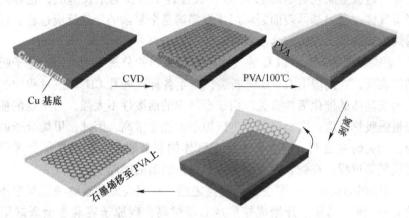

图 6-10　剥离转移石墨烯至 PVA 示意图

转移方法一般有以下 3 种：

（1）湿化学腐蚀基底法。湿化学腐蚀基底法是常用的转移方法，典型的转移过程为：1）在石墨烯表面旋涂一定的转移介质，如聚甲基丙烯酸甲酯（PMMA）、聚二甲基硅氧烷（PDMS）作为支撑层；2）浸入到适当的化学溶液中腐蚀金属基底；3）捞至蒸馏水清洗干净后转移至目标基底，石墨烯一侧与基底贴合；4）通过一定的手段除去石墨烯表面的支撑层物质，如 PMMA 可通过溶剂溶解或高温热分解去除，PDMS 直接揭掉，得到需要的石墨烯薄膜。热释放胶带是最近采用的新型石墨烯转移介质，其特点是常温下具有一定的黏合力，在特定温度以上，黏合力急剧下降甚至消失，表现出"热释放"特性。基于热释放胶带的转移过程与 PMMA 转移方法类似，主要优点是可实现大面积石墨烯向柔性目标基体的转移（如 PET），工艺流程易于标准化和规模化，有望在透明导电薄膜的制备方面首先获得应用，如韩国成均馆大学的研究者采用该方法成功实现了30 英寸石墨烯的转移。相比于"热平压"，具有更佳的转移效果。然而，"热滚压"技术目前不适用于脆性基体上的转移，例如硅片、玻璃等，因此限制了该方法的应用范围。

腐蚀基底法也存在一定的局限性，例如，涂覆的有机支撑层太薄，转移时容易产生薄膜撕裂，尤其不利于大面积石墨烯薄膜的转移；涂覆的有机支撑层太厚，则具有一定强度，石墨烯和目标基底不能充分贴合，转移介质被溶解除去时会导致石墨烯薄膜破坏。

（2）干法转移。湿法转移过程中容易使刻蚀剂等残留在石墨烯上，为了将CVD法生长在金属基底上的石墨烯高质量地转移到目标衬底上，Lock 等提出了"干法转移"这一新颖的石墨烯转移技术，他们通过这种方法将 CVD 法合成的石墨烯高质量地转移到了聚苯乙烯（PS）上。他们首先将一种叫做 N-乙胺基-4-重氮基-四氟苯甲酸酯（TFPA-NH$_2$）的交联分子沉积到经过氧等离子体表面处理的聚苯乙烯上，此交联分子能够和石墨烯形成共价键，聚合物和石墨烯之间由共价键产生的吸附力比石墨烯和金属基底之间的吸附力大得多，使得石墨烯能够与金属基底进行分离。

干法转移的过程主要分三步：

1）进行样品合成和衬底处理，用 CVD 法生长石墨烯并且对聚合物进行表面处理以提高与石墨烯间的吸附力；

2）将石墨烯和 TFPA-NH$_2$ 进行充分地接触，具体的来说是在一定的温度和压力下将石墨烯/Cu 和 TFPA-NH$_2$ 用纳米压印机压印；

3）将石墨烯从金属基底上分离出来。在干法转移中，金属基底没有被刻蚀掉，可以重复利用，使转移成本大大降低，此外，转移到聚合物上的石墨烯质量很高，但缺陷还是存在的。理论上来说，这种方法能够将 CVD 生长的石墨烯转移到各种有机或者无机衬底上[2]。

（3）机械剥离技术。韩国的研究者 Yoon 等用石墨烯和环氧树脂之间的作用力来剥离 CVD 法生长在铜基底上的单层石墨烯。原理是：首先利用 CVD 法在 Cu/SiO$_2$/Si 基底上合成单层的石墨烯，然后通过环氧黏接技术将石墨烯和目标衬底连接起来，通过施加一定的机械力可以将石墨烯从铜基体上剥离下来，并且不会对铜衬底造成损坏，实现了无损坏的转移，铜基底可以用来重复生长石墨烯。这种方法能够将石墨烯从金属衬底上转移下来，并且降低了成本。

6.3.4 石墨烯无转移制备技术

到 2020 年为止，在 CVD 法制备石墨烯的研究中，绝大多数的报道都是以过渡金属为基底催化合成石墨烯。因此，为满足实际电子器件的应用，复杂、娴熟的生长后转移技术是必需的。但是，生长后的转移过程不仅繁杂耗时，而且会造成石墨烯薄膜的撕裂、褶皱和污染等破坏。考虑到转移对石墨烯的破坏和后期处理的繁琐工序，近期研究表明，直接在绝缘体或半导体上生长石墨烯薄膜，有望解决这一问题。

Ismach 等最先以表面镀有铜膜的硅片作为基底，实现了石墨烯薄膜在硅片上的直接生长[5]。目前主要有两种解释：（1）典型的 CVD 生长温度（1000℃）与 Cu 的熔点（1083℃）接近，在较高蒸气压下 Cu 蒸发消失，经 Cu 催化裂解的碳原子则在硅片上直接沉积得到石墨烯，但是石墨烯存在 Cu 残留污染。（2）为避免 Cu 膜的蒸发,需要在较低温度下(如 900℃)生长,经 Cu 催化裂解的碳原子通过 Cu 膜的晶界扩散迁移到 Cu 膜和介电基底的界面上形成石墨烯。后来,人们尝试直接在裸露的介电基底上生长,以 SiO_2 基底为例,最显著的优势在于既避免了转移过程,也实现了与当今半导体业(尤其是硅半导体技术)很好的融合。台湾清华大学 Chiu 课题组通过远距离铜蒸气辅助的 CVD 过程在 SiO_2 基底直接生长石墨烯,他们在硅片上游一定距离处放置铜箔,铜箔在高温下产生的铜蒸气催化裂解碳源,实现了直接在 SiO_2 基底上石墨烯薄膜的生长。

在二氧化硅基底上石墨烯的 CVD 合成过程是:首先对 SiO_2 片用丙酮、去离子水进行超声清洗,然后将 SiO_2 基底置于管式炉的恒温区生长,进行长时间的石墨烯沉积。但是由于反应是无催化的沉积过程,碳源的裂解和石墨烯的成核会受到一定程度的限制,因此一般会采用一定的 CVD 辅助过程。通常的过程为:首先,对 SiO_2 衬底进行一定的活化处理,活化过程为将清洗的 SiO_2 基底置于管式炉的恒温区中,在高温 800℃ 下保温一段时间,然后冷却至室温,以除去基底表面上的有机残留物,并激活生长点。其次,在基底上非直接接触地覆盖铜箔,在石墨烯生长温度下,铜金属升华产生的铜蒸气对碳源裂解起催化作用[3]。二氧化硅上生长石墨烯的原理如图 6-11 所示。

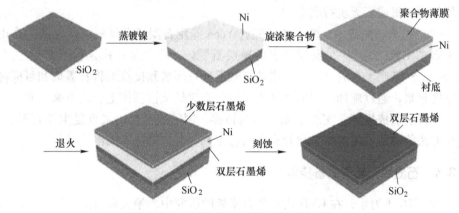

图 6-11　二氧化硅上生长石墨烯的原理

6.4　石墨烯的性能

6.4.1　电学性能

石墨烯的碳原子 sp^2 杂化构成 σ 键,碳原子 p 轨道上剩余的一个电子构成大 π 键。在 1 个石墨烯单胞中,3 个 σ 态电子形成较低的价态,而离域 π 和 $π^*$ 态形成最高占据价态和最低未占据导带。石墨烯是零带隙半金属材料,导带和价带呈锥形分布交于狄拉克点。由于电子在狄拉克点线性分布,此处有效质量 $m^* = 0$。

考虑到准粒子之间的相互作用，Dirac 谱重构，重构的 Dirac 谱包含多个交点：纯电荷带间交点、纯等离子体带间交点以及电荷带和等离子带之间的环形交点。石墨烯载流子的速度与量子化能量无关，因此 Landau 能级不等距。石墨烯中的电子被二维薄膜限制，可观察到反常量子霍尔效应（QHE）。

石墨烯边缘决定其电学和磁学性能。锯齿型 GNRs 表现出零带隙半金属的特点，为自旋电子学的研究提供了一个平台。扶手椅型 GNRs 是窄带隙半导体。调整石墨烯边缘获得特定的晶体取向可以提高磁序。窄锯齿型 GNRs（5nm）是反铁磁性半导体，宽锯齿型 GNRs（>8nm）是铁磁性半金属。

石墨烯的电学性能受其六边形层状对称性影响。在翻转对称的石墨烯超晶格中可以观察到拓扑电流。双层石墨烯由于载流子的相互作用导致对称性破坏。当双层石墨烯 Bernel 堆垛时，BLG 带隙为零。石墨烯层扰动、吸附掺杂或者施加强栅压都能打开 BLG 带隙。双层石墨烯层间扭转角会影响能带形状。利用电—机械特性可以调控石墨烯电学性能，应变可以在石墨烯中引起 300T 的伪磁场，应变改变磁场从而调控石墨烯的电子结构。

高度掺杂的石墨烯方阻仅为 $30\Omega/\mathrm{sq}$。悬浮 SLG 在电子浓度（n）为 $2\times10^{11}\mathrm{cm}^{-2}$ 时电子迁移率（μ）为 $2\times10^5\mathrm{cm}^2\cdot\mathrm{V}^{-1}\cdot\mathrm{s}^{-1}$。CVD 生长的 SLG 转移到 SiO_2 表面后电子迁移率和载流子浓度分别是 $\mu=3700\mathrm{cm}^2\cdot\mathrm{V}^{-1}\cdot\mathrm{s}^{-1}$ 和 $n=5\times10^{11}\mathrm{cm}^{-2}$。电导率 $\sigma=n\mu$ 同时由迁移率和载流子浓度控制。石墨烯的电子迁移率高于铜，而载流子浓度远低于铜。掺杂可以提高石墨烯的载流子浓度，单个氮原子掺杂剂对 SLG 电子结构的影响仅在几个晶格间距，表明掺杂在保持石墨烯质量的同时增加了载流子浓度。两个超导电极夹住的石墨烯结在磁场作用下，即使电荷密度为零仍然有超电流。石墨烯表现出弹道输运的特性，这表明散射仅发生在量子布里渊区边界，SLG 和 BLG 的低温输运光谱中观察到弹道输运。石墨烯电子—声子散射很弱而电子—电子碰撞强烈，因此石墨烯中的电子运动行为与黏性液体类似。纳米尺度红外成像可以研究被封装在 BN 中的石墨烯在低温下的等离激元极化和传播，在液氮的温度下，本征等离子体传播长度可以超过 $10\mu\mathrm{m}$。

6.4.2 光学性能

石墨烯的透光度（T）和反射率（R）由公式 $T\equiv(1+2\pi G/c)^{-2}$ 和 $R\equiv0.25\pi^2\alpha^2T$ 进行计算获得，其中 $G=e^2/4\hbar$ 是石墨烯中狄拉克费米子的高频电导率（$\hbar=h/2\pi$，h 为普朗克常数，e 是电子电荷，c 为光速，$\alpha=e^2/\hbar c\approx1/137$ 是描述光和相对电子之间耦合的结构常数）。石墨烯的有效结构常数 $\alpha=0.14$。石墨烯的反射率很小，$R<0.1\%$，SLG 只有单原子厚，其吸光度可达 $(1-T)\approx\pi\alpha\approx2.3\%$。每增加一层石墨烯，薄膜的透光度降低 2.3%，且不受入射光波长的影响。调控栅压可以改变石墨烯的透光度。调整驱动电压可以调整石墨烯的费米能

级，基于此构建了基于石墨烯的响应可调的宽波段光学调制器。由于光子是中性的，光场很难控制，但调控石墨烯中的载流子浓度可调控光场。

6.4.3 热学性能

石墨烯中碳原子结合力强，热能在传输过程中损耗小，因此石墨烯具有很高的热导率（κ），石墨烯的热导率通常使用拉曼光谱进行测试。悬浮 SLG 的热导率 $\kappa \approx 5000 \mathrm{W/mK}$，高于钻石和石墨。在有基底支撑的情况下，晶格中的声子通过石墨烯和基底界面泄漏，而且界面处有强散射，因此悬浮 SLG 的热导率要高于有基底支撑的 SLG。剥离的单层石墨烯在二氧化硅支撑基底上热导率为 600W/（m·K）。通过不同方法制备的石墨烯与支撑界面的相互作用不同。

6.4.4 力学性能

石墨烯的力学性能是用纳米压痕仪测量纳米孔上悬浮石墨烯获得的，悬浮石墨烯的弹性模量 $E = 1.0 \mathrm{TPa}$，强度 $\sigma_{int} = 130 \mathrm{GPa}$。石墨烯的力学性能受到多种因素影响，包括缺陷、相邻晶界之间的结合质量以及晶界夹角等。通过观察超音速弹丸冲击过程中石墨烯的状态变化发现，在弹丸冲击过程中 MLG 首先变为锥状，然后形成延伸到冲击区外侧的径向裂纹。石墨烯的摩擦力随着波纹线和外力之间的夹角变化，具有各向异性。真空中原子级匹配的 GNR-Au(111) 界面处 GNRs 和 Au 基底之间的摩擦力仅 100pN，意味着石墨烯和 Au 之间实现了超润滑。近期，原子模拟表明悬浮石墨烯的波纹会在实际接触面积没有明显变化的条件下提高总摩擦力。

石墨烯曾一度被认为是一种不能实际存在的理论结构。机械剥离的石墨烯证明了石墨烯的实际存在。随着石墨烯合成及改进技术的不断出现和优化，石墨烯越来越多地被应用于电子器件包括 FET、电容器和传感器等领域。其他应用领域利用石墨烯或 GO 的力学性能和选择透过性，或者把石墨烯和 GO 用作生长或观察其他材料和物质的基底。石墨烯的大量研究还促进了其他碳材料和二维材料的研究。

6.5 石墨烯发展技术路线

实验证实，石墨烯具备优异的电学性能、机械性能、光学性能和高比表面积，应用前景广阔。目前应用领域包括电子器件、能源、环保以及金属制品的电磁防护、防腐涂料、油墨等。包括我国在内的许多国家和地区的科研机构以及跨国企业积极投身于石墨烯研究与应用，制定了石墨烯未来产业技术路线图。2014年，欧盟未来新兴技术（FET）石墨烯旗舰计划发布了首份招标公告和科技路线图，明确了石墨烯旗舰研究项目，如表 6-1 所示。中国在《<中国制造 2025>技术路线图》中提出了石墨烯技术路线图，如图 6-12 所示。

表6-1 欧盟石墨烯技术路线图

科技领域		3 年	5 年	7～10 年
基础研究		2～3 年，了解基础动力学过程和缺陷的影响	4～7 年，了解石墨烯与不同二维晶体的混合材料的电子、光学和热力学特征，并确立它们的基础限制	7～10 年，集成垂直混合器件以及开发石墨烯计量学系统和高端电子设备
健康和环境		2～3 年，研究和了解 GRMs 对不同细胞影响并确定可能的危害	4～7 年，制定 GRMs 监管	7～10 年，评估 GRMs 的影响，验证技术开发的安全问题
生产		2～3 年，配制 GRM 油墨，CVD 生长出高载流子迁移率的石墨烯薄膜，在 SiC 上生长出均质石墨烯薄膜；3～5 年，用液相剥落和 CVD 方法生产出指定电子特性的异质结构	5～7 年，用分子束外延和原子层积淀方法生产出二维晶体，配制具有可调形态和可控流变特性的高浓度油墨	7～10 年，通过液相剥落方法生产大面积的二维晶体、大面积单晶、能带隙可设计的纳米带和量子点
电子器件	数字逻辑门	—	5～10 年，超快集成数字逻辑门取代发射极耦合逻辑门；柔性衬底或透明衬底上实现简单数字逻辑门	15～20 年，多用途低功耗石墨烯纳米带数字逻辑门取代硅 CMOS
	集成电路中互连线	—	5～8 年，实现石墨烯集成电路上的互连线	5～10 年实现功率集成电路和多用途集成电路的互连线
模拟电压放大器		3～4 年，低噪放大器	4～5 年，音频和射频电压放大器；5～6 年，谐波振荡器	5～10 年，功率放大器
自旋电子学		3～4 年，全面理解室温下石墨烯的自旋弛豫机制，这是控制材料结构缺陷和环境扰动对自旋输运不利影响基础	5～9 年，验证自旋门控功能，以证明自旋可通过一些途径来操控	10 年以上，器件导向的集成，包括研究全自旋架构及利用晶圆大小的石墨烯来共同集成计算和数据存储，以实现室温运算

科技领域	3 年	5 年	7~10 年
光子学和光电子学	3 年，可调谐超材料，太赫兹平面波探测，电吸收和等离子体光开关，可见光和近红外石墨烯光电探测器，超宽频可调谐激光器和长波长光电探测器	3~7 年，光路由和交换网络，超快和宽频锁模激光器的集成，近红外和太赫兹相机，太赫兹光谱仪，概念验证系统的实现	7~10 年，石墨烯集成光电系统和集成电路
传感器	3 年，单层膜，气体传感器，10 皮米共振振幅的位移检测，520zN/（Hz）0.5 的力灵敏度，直径 600μm、灵度为 1nm/Pa 的麦克风，单分子测序技术	3~7 年，质量、化学和压力传感器	7~10 年，磁场传感器，芯片上的可扩展 GRM 传感器
柔性电子	3 年，用于柔性电子的 GRM 油墨，柔性衬底上可靠的 CVD 石墨烯工艺，柔性触摸屏，柔性天线	3~7 年，柔性用户界面，柔性无线连接，柔性传感器，柔性储能和能量获取解决方案，异构集成	7~10 年，柔性智能器件
能量转换和储存	3 年，用于复合材料和插层化合物的原始和功能化的 GRMs，用于光伏水处理技术的 GRMs	3~7 年，高电容 GRM 介孔电极，光伏电极和吸收器	7~10 年，柔性光伏电池，轻型电存储和储氢系统
复合材料	3 年，包装用的功能复合材料，混合复合材料	3~7 年，石墨烯纳米片的大规模生产	7~10 年，可用于机械、光电子学和能源领域的 GRMs 功能复合材料
生物医学设备	—	5~7 年，GRMs 的生物兼容性，场效应管和电化学传感器	7~10 年，动物和人体体内柔性器件测试，输送系统，成像平台，生物传感器、诊疗用的 GRM 多功能系统

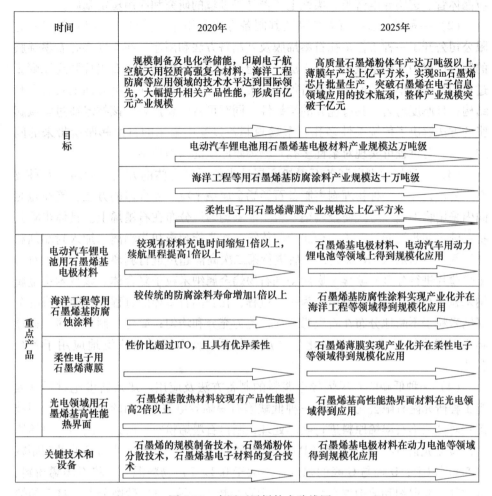

图 6-12　中国石墨烯技术路线图

6.6　石墨烯制备新技术及发展趋势

6.6.1　石墨烯制备新技术

（1）一种制备大面积、高质量、均匀少数层石墨烯薄膜的方法。中国科学院金属研究所发明了一种制备大面积、高质量、均匀少数层石墨烯薄膜的方法。采用铜镍合金作为生长基底，通过化学气相沉积技术制备出大面积、高质量、均匀层数的石墨烯薄膜，后续用鼓泡转移的方法得到高质量、均匀少数层石墨烯薄膜。该技术具有制备周期短，工艺简单，生产成本低，产物尺寸及厚度易于调控并适于大面积制备等特点，可为大面积、高质量、均匀少数层石墨烯薄膜在场效应晶体管、透明导电薄膜、柔性电子器件等领域的研究和应用奠定基础。

（2）一种柔性多孔石墨烯膜及其制备方法和用途。科炭（厦门）新材料有限公司公开了一种柔性多孔石墨烯膜及其制备方法和用途，在柔性多孔石墨烯膜的制备过程中采用限域膨胀的方法，其通过两块平板限制氧化石墨烯膜还原膨胀过程的膨胀倍率，从而使得制备得到的柔性多孔石墨烯膜在厚度方向上具有多孔结构，且厚度均匀，具有优异的柔韧性，同时可弯曲和折叠。该技术通过限域膨胀的方法解决了传统柔性多孔石墨烯膜制备过程中采用的自由膨胀所带来的问题，其制备过程可实现对柔性多孔石墨烯膜厚度的精确控制。

（3）一种物理剥离制备石墨烯金属纳米粒子复合体的方法。大同墨西科技有限公司公开了一种物理剥离制备石墨烯金属纳米粒子复合体的方法，能在短时间内采用物理剥离方式使金属纳米粒子能够均匀地分布在石墨烯上。具体步骤包括：纯水初步浸润，石墨与金属前驱体第一次高能超声初步剥离，加入封端剂和还原剂静置后加入 SiC 球磨，之后进行第二次高能超声进行剥离，气流分级对石墨烯薄片进行分级并喷雾干燥后得到石墨烯金属纳米粒子复合体。该技术将金属纳米粒子与石墨烯的制备结合为一个过程，在剥离石墨烯的过程中，使形成的金属纳米粒子不断地分布在石墨烯表面，更为充分和均匀；简化了制备工序，通过物理剥离法加工完成，工业化生产成本较低，便石墨烯更广泛地应用于各行各业。

（4）一种低缺陷石墨烯导电浆料的制备方法及应用。郑州新世纪材料基因组工程研究院有限公司公开了一种低缺陷石墨烯导电浆料的制备方法。1）预破碎：对低缺陷石墨烯原料进行破碎处理，制得石墨烯粉料；所述低缺陷石墨烯原料的拉曼光谱具有 2D 峰，且 2D 峰与 G 峰的间距与石墨的 2D 峰与 G 峰的间距减小 $5cm^{-1}$ 以上；D 峰与 G 峰的强度比不大于 0.1。2）物料混合：将石墨烯粉料、分散剂、润湿剂和溶剂混合均匀，得到石墨烯混合液。3）砂磨分散：将石墨烯混合液进行砂磨分散，即得。该技术提供的低缺陷石墨烯导电浆料的制备方法，主要利用破碎结合砂磨分散的手段使低缺陷石墨烯获得良好分散。

（5）一种石墨烯平板玻璃在线生产方法。徐林波公开了一种石墨烯平板玻璃在线生产方法。利用在线玻璃原始表面（即还没有与外界空气中的气氛如水分、二氧化碳等发生化学反应的表面）的活性，采用各种镀膜工艺，将活性炭渗入玻璃表面，并/或在玻璃表面上形成透明导电的石墨烯薄膜。镀膜工艺借用于传统的金属表面渗碳工艺或气相沉积工艺或机械擦涂工艺等，将活性炭渗入玻璃表面，并在玻璃表面上形成透明导电的石墨烯薄膜。镀膜工艺在浮法玻璃生产线中充有保护气体的玻璃成型锡槽中进行，以便提供温度、气氛等必要的工艺条件和环境；当玻璃带在锡槽的金属熔液上漂过时，将活性炭复合于玻璃带表面上并形成石墨烯膜层。

（6）一种石墨烯片的连续剥离制备方法。华侨大学公开了一种石墨烯片的连续剥离制备方法。采用单辊连续剥离的工艺，从进料口加入原料，剥离一段时间后，产品从出料口流出，实现连续不断地剥离石墨，即进料—剥离—出料—再进料—剥离—再出料整个过程连续不断。该技术打破了传统方法中进料出料都需停机的缺点（如球磨机剥离制备石墨烯），极大地缩短了工艺流程；操作简单、高效，且选用的胶黏剂成本较低、无毒，为大规模生产制备石墨烯提供了一种新的工艺方法。

（7）改性石墨烯及改性石墨烯浆料的制备方法。广州特种承压设备检测研究院公开了一种改性石墨烯及改性石墨烯浆料的制备方法。1）氧化石墨烯的制备：石墨粉经预氧化和 Hummer's 法氧化，得到氧化石墨烯；2）取氧化石墨烯以 5~15g/L 的浓度均匀分散于水中，调节 pH 至碱性，70~90℃下加入羧基活化剂，搅拌；加入分枝状聚乙烯亚胺水溶液，反应；所分枝状聚乙烯亚胺的分子量为 1000~3000；3）在步骤 2）的反应液中加入碱性还原剂，反应完后，过滤、清洗、干燥，得改性石墨烯。得到的改性石墨烯可以均匀稳定地分散在水和乙醇等常见的有机溶剂和无机溶剂中。

（8）一种常温快速还原氧化石墨烯的方法。华南理工大学提供了一种常温快速还原氧化石墨烯的方法。1）将氧化石墨烯超声分散于水中，离心处理后得到氧化石墨烯胶体；2）向氧化石墨烯胶体中加入变价金属化合物超声溶解，调节混合液 pH≥8 后，加入硼氢化物搅拌，得到均匀混合液；3）常温搅拌条件下，向步骤 2）的混合液中加入酸性溶液，调节体系 pH≤8，同时还原反应剧烈发生，至混合液中无气泡产生时，反应结束，抽滤、洗涤、干燥，即得还原氧化石墨烯。该方法无需加热，对反应装置无特殊要求，工艺流程简单，还原反应只需 0.5~10min，制备周期短。

（9）一种氧化石墨烯纤维的制备方法及得到的纤维。青岛大学公开了一种氧化石墨烯纤维的制备方法及得到的纤维，其中，利用湿法纺丝的方法将聚电解质配制成纺丝原液，在凝固槽内加入氧化石墨烯作为凝固浴，将纺丝原液注入凝固浴内，进行扩散反应，卷绕、洗涤、干燥，即得氧化石墨烯纤维。制备方法设备简单、成本低、可纺性好、适于规模化生产。制得纤维具有多层纤维壁，具有良好的拉伸强度、超高的比表面积，在催化、吸附、柔性传感器、保温隔热材料和组织工程领域有着广泛的应用。

（10）一种紫外光增强氧化的氧化石墨烯制备方法。电子科技大学公开了一种紫外光增强氧化的氧化石墨烯制备方法。首先在利用石墨氧化生成氧化石墨烯的反应装置中（可以是强酸氧化的化学反应法，或称化学剥离法，以及电化学反应法），引入紫外光，通过紫外光照，激发石墨或者反应过程中已生成的石墨烯中碳原子的轨道电子，增加其活性，从而提升被氧化程度，增加氧化产额，获得所需的氧化石墨烯材料。该技术通过引入紫外光的能量来增强石墨中碳原子的氧化反应，从而加速氧化过程，增加氧化程度，获得氧化石墨烯产额的提升，在氧化石墨烯的化学、电化学制备方案改进及相关生产应用中具有重要意义。

（11）一种无褶皱石墨烯及制备方法。中国科学院山西煤炭化学研究所将石墨、金属盐类催化剂分散于含有羟基的反应溶剂中，置于反应釜中加热反应，制得石墨烯分散液。静置石墨烯分散液至分层，除去上层清液，将剩余部分酸洗后分散在有机溶剂中，超声、离心，收集上层悬浊液，干燥后得到无褶皱石墨烯。该方法得到的石墨烯平整、无褶皱，相较于"粗糙"有褶皱石墨烯，在抗氧化和导电性能方面具有良好的应用前景。

（12）一种直接在绝缘衬底表面制备石墨烯的方法。北京大学提出了一种可在绝缘衬底表面制备石墨烯的方法。设计了一种堆叠的三明治结构，即缓冲层/吸收层—金属箔片—目标衬底，利用此结构在化学气相沉积（CVD）过程中使石墨烯生长与转移相继进行，并将金属箔片表面生长的石墨烯直接在高温原位转移至蓝宝石和二氧化硅等绝缘衬底表面。其过程是：石墨烯首先生长在铜片或铜镍合金片表面，随后铜片或铜镍合金片逐渐软化并贴合于缓冲层表面，金属原子可有效地扩散，穿过缓冲层到达吸收层，从而与吸收体反应而被消耗掉，而原本生长在铜片或铜镍合金片表面的石墨烯会直接原位"落在"绝缘衬底表面，即实现了直接在绝缘衬底表面制备石墨烯薄膜的目标。

（13）一种石墨烯转移方法。清华大学公开了一种石墨烯转移方法。在石墨烯的表面旋涂聚合物溶液，以在石墨烯的表面形成聚合物薄膜；在第一预设温度下对聚合物薄膜烘烤第一预设时间，使得聚合物薄膜固化并与石墨烯黏接；将与聚合物薄膜黏接的石墨烯从生长基底上剥离；将与聚合物薄膜黏接的石墨烯贴合到目标基底上；将目标基底浸入第二预设温度的溶解液中，以溶解聚合物薄膜，实现石墨烯的转移。该法能避免溶液腐蚀过程，减少腐蚀液或副产物残留导致的石墨烯性能损伤，可以反复利用生长基底进行多次生长，降低成本。

（14）一种导热导电石墨烯薄膜及其制备方法。重庆大学公开了一种导热导电石墨烯薄膜及其制备方法，薄膜是用盐酸多巴胺-Tris 缓冲液与石墨烯溶液共混制膜，薄膜由石墨烯片层堆叠而成，石墨烯片层内部以及片层之间均匀地分布聚多巴胺碳化后形成的碳纳米颗粒，石墨烯片层与该碳纳米颗粒交联在一起。制备方法是：将所配制的氧化石墨烯水溶液与盐酸多巴胺-Tris 缓冲液混合，取氧化石墨烯-聚多巴胺水溶液通过真空辅助制备薄膜，用还原剂还原；还原后的薄膜在氩气气氛下升温到 $800 \sim 1000$℃保温，再升温到 $2800 \sim 3000$℃保温，自然降温至室温，机械模压石墨化的石墨烯薄膜。该石墨烯薄膜具有高力学性能、高导热、导电性能。

（15）一种解理制备石墨烯的方法。中国科学院物理研究所提供了一种解理制备石墨烯的方法。1）在不使用溶剂清洗基底的表面的情况下，仅通过氧等离子体清洗基底的表面；2）用胶带机械解理石墨，将胶带上的石墨贴附到步骤1）中制得的等离子体清洗的基底表面上，得到胶带—石墨—基底材料，于 80～140℃下热处理 1～30min；3）将步骤2）中制得的胶带—石墨—基底材料自然冷却，从基底上剥离胶带，从而制得石墨烯。该方法可以简单高效地制备大面积（例如面积为 85200μm²）的石墨烯，制得的石墨烯兼顾了高质量和大面积的需求，可以满足更多高精度实验对样品的需求。本发明的制备方法简单，不需要在溶剂中超声清洗基底，提高了解理效率。

6.6.2 石墨烯制备发展趋势

（1）低成本宏量制备高品质石墨烯。石墨烯的应用领域越来越广，并且对石墨烯品质的需求越来越高。然而，要想使石墨烯材料产品化，首先必须能够大量制得高质量的石墨烯。虽然业界已经在制备方法上做了很多研究，但仍然没有办法实现其工业化生产。如今，关于石墨烯的合成方法研究仍是一个研究热点。对石墨烯制备的方法进行不断改进，实现低成本宏量制备高品质石墨烯是今后的努力方向。同时，虽然有关石墨烯制备方法的报道很多，但由于各种制备方法的局限性限制了石墨烯的应用研究和工业化发展，如何找到一种低成本大规模生产高质量石墨烯的方法仍然是当前石墨烯研究的重点。此外，石墨烯产业发展，亟须加强产业链协同创新，使功能化石墨烯材料研发制备环节与应用需求紧密结合。功能化石墨烯也面临制备成本高、产能低的瓶颈。如何将研究成果应用于社会生产生活中，使石墨烯在科学技术、工业生产、能源、生物医药等领域广泛投入使用，这些都将是今后一个重要而长远的课题[6]。

（2）现有制备方法的相互融合、升华。应对现有的各种工艺技术进行优化，取长补短，相互融合，共同提升。石墨烯的制备方法大致可分为两大类：一类是在外力的作用下破坏石墨层间的范德华力，将石墨片层剥离下来，得到层数较少的石墨烯，这类方法主要包括机械剥离法、氧化还原法和液相剥离法、电化学剥离法、超临界流体剥离法等；另一类则主要是通过化学的方法来合成石墨烯片层，主要包括化学气相沉积法、外延增长法和有机合成法等。各种方法的优缺点如表 6-2 所示。宜吸取其他方法的优势弥补自身工艺技术的缺陷，才能出现制备技术上质的飞跃[7]。

表 6-2 不同石墨烯制备方法的优缺点比较

制备方法	优点	缺点	应用领域
机械剥离法	工艺简单，得到样品的质量较高	产品尺寸较小，且无法控制层数	实验室小范围应用基础研究

制备方法	优点	缺点	应用领域
氧化还原法	成本较低,生产效率高,可大量生产	产品结构有缺陷,尺寸小,易造成环境污染	光学、电子学、传感器以及材料、能源等领域
液相剥离法	产品质量高,缺陷少,工艺简单	产率低,层数多,尺寸小,易造成环境污染,制备时间长	高性能电子器件
电化学剥离法	反应时间短,反应条件温和,绿色环保,层数可控	成本高,产品中易混有氧化石墨烯,难大规模制备	光学、电子学、传感器、能源、生物、材料等领域
超临界流体剥离法	工艺简单,成本较低	需选用耐高压设备,石墨烯层数在 5 层左右	光学、电子学、传感器、能源、生物、材料等领域
化学气相沉积法	石墨烯片面积大,均匀性好,质量高,层数可控	工艺复杂,成本较高,不易转移,操作环境苛刻	光学、电子学、传感器、能源、生物等中高端领域
外延生长法	可高质量、大面积制备石墨烯片	厚度不均匀,成本高,产率低,不易从基质转移	晶体管及电子器件等高端领域
有机合成法	可对反应进行控制,合成特定结构和性能	反应时间长,步骤多,污染环境	光学、电子学、传感器、能源、生物等中高端领域

（3）加强石墨烯结构与性能间的关系研究。现阶段对于石墨烯应用的研究重点还主要侧重在其电学性能及储能领域上，对石墨烯结构与性能之间的关系认识得还不够充分，关于石墨烯的阻燃性、分散性、导热性和力学性能等方面的研究开展得不够深入，许多基于石墨烯的功能材料并没有在实际中得到应用，因此，未来在对石墨烯的研究中应该加强对石墨烯的结构性能方面的研究。

（4）强化工艺的优化和新方法的探索。目前石墨烯的制备方法在不断更新，但仍然有很多问题尚待解决，在工艺优化和新方法探索上仍有极大的发展空间，以制备高晶化程度、高质量和高纯度的石墨烯。石墨烯制备技术上的突破将会极大地推动后续相关应用研究，并对相关学科的发展起到重要的推动作用。

（5）加强尺寸调节和功能化研究。目前，基于对自上而下和自下而上的合成方法进一步完善的想法，业界正在致力于研究可靠的石墨烯合成方法，目的在于制备出表面缺陷较少、尺寸均一的石墨烯，通过调节其尺寸和功能化实现石墨烯的工业化应用。

（6）大力开展掺杂法制备石墨烯研究。今后需要加强对掺杂法制备石墨烯的研究应从以下方面探索：如何更进一步简化工艺、缩小成本；如何进一步扩大石墨烯的产量以及如何使生产出的含掺杂元素的石墨烯产物在空气中更加稳定等挑战。可根据控制合适的实验温度来合理控制掺杂元素与氧化石墨烯的质量比以及加入一些新的手段，并且进一步针对企业和市场的需要制备合适的掺杂元素石墨烯等。基于科技的不断进步，人们会对新材料的需求越来越大。通过不断地研究，制备掺杂的石墨烯的方法会更加成熟，进而推动石墨烯制备向产业化、高质量、廉价方向的新发展[8,9]。

（7）强化电子信息产业用石墨烯应用研究。基于石墨烯的零带隙、大的比表面积、高的迁移率以及优良的电子特性和光学性质等使其已经广泛应用于超级电容器、光电探测器、极化控制开关等领域。如何提高超级电容器的比容量、提高锂离子电池的电容量以及开辟新的应用领域是现阶段研究的重点之一[10]。

（8）加强石墨烯复合材料研发。加速石墨烯的功能化以及复合材料的研究也可以扩宽它的应用领域。随着业界研究的不断深入，石墨烯及其复合材料在新能源材料、生物医学、净水、纳米电子器件等领域将具有广阔的应用前景。

（9）重视石墨烯产品和技术的标准化制定。推行国际标准是当前世界经济发展的重要组成部分，与知识产权一样都是经济发展所必须高度重视和积极参与的关键环节。石墨烯相关产品研发和生产迫切需要与石墨烯相关的国家、地方标准研制同步进行，以石墨烯标准来规范和加速我国石墨烯科技成果的产业化落地，这已成为石墨烯产业界和学术界的高度共识，因此石墨烯的标准化变得尤其重要[11]。

（10）开展石墨炔制备与应用研究。具有中国自主知识产权的石墨炔自2010年被首次成功合成以来，吸引了全世界来自化学、物理、材料、生物和电子等学科的科学家对其进行探索。目前为止，石墨炔的基础和应用研究方兴未艾，显示了广阔的空间。石墨炔的可控制备方法、系统表征方法、可控结构等仍然需要不断去探索[7]。另外，石墨炔在电子、能源、催化、信息技术等方面的研究在未来五年将展示无限的创新空间。

参 考 文 献

[1] 李雪松. 石墨烯薄膜制备 [M]. 北京：化学工业出版社，2019.
[2] 刘云圻. 石墨烯：从基础到应用 [M]. 北京：化学工业出版社，2017.
[3] 张开成. 石墨烯的物理性质 [M]. 吉林：吉林大学出版社，2016.
[4] 孙红娟，彭同江. 石墨氧化-还原法制备石墨烯材料 [M]. 北京：科学出版社，2015.
[5] 朱宏伟. 石墨烯：结构、制备方法与性能表征 [M]. 北京：清华大学出版社，2011.
[6] 廖婷婷，丁义超，鲜勇. 石墨烯及其复合材料的研究进展 [J]. 炭素，2017（4）：10-13.
[7] 刘鸣华. 石墨炔：从合成到应用 [J]. 物理化学学报，2018（9）：959-960.
[8] 杜淼. 石墨烯的制备及其应用研究进展 [J]. 无机盐工业，2019（3）：12-15.
[9] 闫业海. 石墨烯制备方法的研究进展 [J]. 青岛科技大学学报，2018（1）：1-5.
[10] 胡成龙. 石墨烯制备方法研究进展 [J]. 功能材料，2018（9）：9001-9006.
[11] 武斌. 石墨烯制备技术研究进展 [J]. 化工新型材料，2019（4）：17-24.

7 碳纤维的制备技术与进展

7.1 碳纤维简介

碳纤维含碳量在95%以上，是一种高强度、高模量纤维的新型纤维材料，因其具有非氧化环境下耐超高温、耐疲劳性好、耐腐蚀性好及良好的导电导热性能、电磁屏蔽性，被称为"新材料之王"，如图7-1所示。

图 7-1　碳纤维外观（左：纤维丝；右：短切碳纤维）

碳纤维的单丝直径为 5~7μm，一般成束使用，一束达 1000 根单丝（1K）。碳纤维和玻璃纤维一样，可以织，有纱、布、毡等制品种类。与玻璃纤维相比，碳纤维的比强度和比模量有明显提高。此外，碳纤维导热、导电、耐化学腐蚀性好，但仍然较脆，且抗氧化性差。碳纤维不仅作为玻璃纤维的代用品，用于聚合物基复合材料，而且适用于金属基复合材料。因此，碳纤维成为航空航天领域所用先进复合材料中不可缺少的增强材料。

碳纤维是由有机纤维或低分子烃气体原料加热至1500℃所形成的纤维状碳材料，其碳含量为90%以上。它是不完全的石墨结晶沿纤维轴向排列的物质，晶体层间距约为 0.336~0.344nm。各平行层原子堆积不规则，缺乏三维有序，呈乱层结构。随加热温度升至2500℃以上，碳含量高于99%，层间距随之减小，说明碳纤维已由乱层结构向三维有序的石墨结构转化，称之为石墨纤维[1]，如图 7-2~图 7-4 所示。

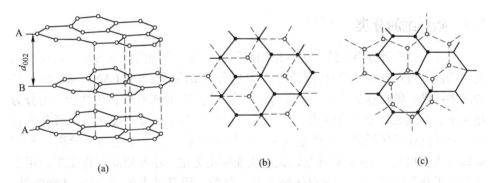

图 7-2 石墨晶体结构（a、b）和乱层结构（c）

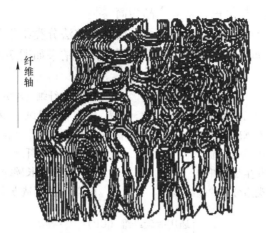

图 7-3 碳纤维的三维结构示意图

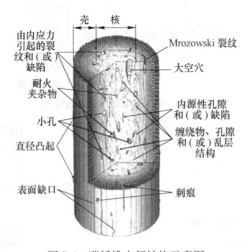

图 7-4 碳纤维内部结构示意图

7.2　碳纤维的分类

　　碳纤维有多种分类方式，可根据原丝的类型或碳纤维的制造方法、性能、用途、功能等进行分类。按原料来源，碳纤维分为聚丙烯腈基（PAN）碳纤维、沥青基碳纤维、黏胶基碳纤维、酚醛基碳纤维、气相生长碳纤维；按性能，可分为通用型、高强型、中模高强型、高模型和超高模型碳纤维；按状态，可分为长丝、短纤维和短切纤维；按产品规格，碳纤维可划分为宇航级（小丝束）和工业级（大丝束），大丝束碳纤维以民用工业应用为主，小丝束碳纤维主要应用于国防军工和高技术，以及体育休闲用品。目前，用量最大的是 PAN 基碳纤维，产量约占全球碳纤维总产量的 90%。PAN 碳纤维是一类碳元素质量在 90% 以上的无机纤维状材料，呈黑色，常规产品为筒卷装。

　　按原丝类型分类结果如图 7-5 所示，按制造方法分类结果如图 7-6 所示，按力学性能分类结果如图 7-7 所示，按应用领域分类结果如图 7-8 所示，按碳纤维功能分类结果如图 7-9 所示。

原丝类型 { 聚丙烯腈基碳纤维／沥青基碳纤维／黏胶基碳纤维／气相生长碳纤维

图 7-5　按原丝类型分类的碳纤维

制造方法 { 碳纤维（800~1600℃）／石墨纤维（2000~3000℃）／氧化纤维（预氧化丝 200~300℃）／活性碳纤维／气相生长碳纤维

图 7-6　按制造方法分类的碳纤维

力学性能 { 通用级碳纤维（GP）／高性能碳纤维（HP）{ 中强型／高强型／超高强型／中模型／高模型／超高模型 }

图 7-7　按力学性能分类的碳纤维

应用领域 { 商用级碳纤维／宇航级碳纤维

图 7-8　按应用领域分类的碳纤维

碳纤维功能 { 受力结构用碳纤维／耐焰碳纤维／纤维（吸附活性）／导电用碳纤维／润滑用碳纤维／耐磨用碳纤维／耐腐蚀用碳纤维

图 7-9　按功能分类的碳纤维

　　商用级碳纤维一般用大丝束的，指一束纱的单丝数在 24K 以上，为降低成本，目前已经发展到 360K、480K、540K 的大丝束纤维。宇航级碳纤维是小丝束的（<12K），过去 1K、3K 较多，现在发展到 6K、12K。

7.3 碳纤维的制备方法

　　碳纤维是以碳为主要成分的纤维状材料，不能用熔融法或溶液法直接纺丝，只能以有机物为原料，采用间接方法来制造。对先驱有机纤维的要求是：（1）碳化过程不熔融，能保持纤维形态；（2）碳化收率高，碳化收率即制备出的碳纤维与原丝的质量比，它是碳纤维制造中重要的经济技术指标；（3）碳纤维强度、模量等性能符合要求；（4）能获得稳定连续的长丝。

7.3.1 以聚丙烯腈（PAN）为原料制备碳纤维

7.3.1.1 以聚丙烯腈（PAN）为原料制备碳纤维工艺流程

　　PAN 原丝制备碳纤维的过程可分为四个阶段：

PAN ──→ 预氧化 ──→ 碳化 ──→ 石墨化 ──→ 表面处理

（原丝）　　（预氧化丝）　（CF-Ⅱ）　　（CF-Ⅰ）

聚丙烯腈的结构为：

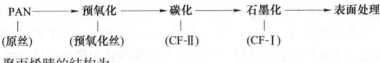

以聚丙烯腈（PAN）为原料制备碳纤维的生产工艺如图 7-10 所示[5]。

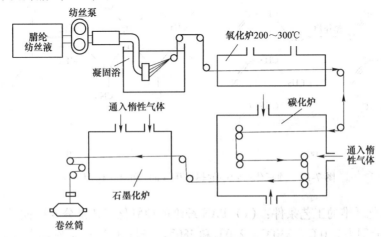

图 7-10　PAN 制备碳纤维设备流程

7.3.1.2　PAN 原丝的预氧化处理

PAN 纤维经过拉丝以后获得 PAN 原丝，PAN 纤维呈线性无规则结构，PAN 原丝呈二维有序结构，在垂直主链的两方向有很好的侧向序列，如图 7-11 所示。

$$— (CH_2—CH)_n— \xrightarrow{\text{拉丝}} PAN原丝$$
$$|$$
$$CN$$

图 7-11　PAN 原丝的制备

均聚体的聚合物中存在大量的–CN 基团，大分子间作用力强，使预氧化和碳化生产周期长，成本高，但强度低。采用共聚体可解决上述问题，共聚体的原丝使活化能降低，有利于促进环化和交联，缓和预氧化物放热反应，改善纤维的致密性和均匀性。此外，共聚体的原丝还使得纤维牵伸容易，放热峰变宽，反应易于控制，且能减少主链断裂，碳纤维质量也容易保证[5]。

共聚单体的选择：应选择与丙烯腈有相似竞聚率，并具有亲核基团的单体，如丙烯酸、MMA、马来酸、衣康酸、丙烯酸酯类等。

预氧化是在 200~300℃ 的氧化气氛中，原丝受张力的情况下进行的。预氧化的作用如下：由于 PAN 的 $T_d < T_m$，热稳定性差，因而不能直接在惰性气体中进行碳化。先在空气中进行预氧化处理，使 PAN 的结构转化为稳定的梯形六元环结构，就不易熔融。另外，当加热足够长的时间，将产生纤维吸氧作用，形成 PAN 纤维分子间的化学键合，如图 7-12 所示。

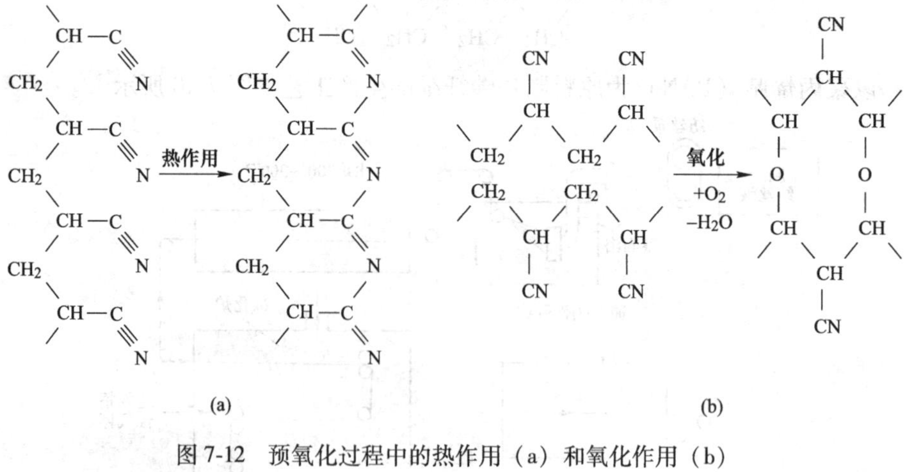

图 7-12　预氧化过程中的热作用（a）和氧化作用（b）

预氧化纤维的工艺条件：（1）PAN 纤维的预氧化工艺是分 4 段控温进行的，4 段温度分别为 200℃、230℃、250℃和 280℃，预氧化过程是连续进行的。（2）PAN 纤维在预氧化炉内停留 2h，并分两段对它施加张力，在 200~230℃ 阶段，使 PAN 纤维伸长 10%左右；在 250~280℃阶段，使纤维保持定长或伸长 3%。预氧化过程在通风条件下进行，这样有利于吹走副产品和温度均匀[4]。

预氧化阶段施加张力的目的：抑制收缩，有利于聚合物链择优取向，有利于氰基的顺式立构排列，从而促进氰基的环化，获得稳定的环化结构，提高梯形结构的取向度，最终使纤维的拉伸强度和弹性模量显著提高。

预氧化过程中纤维横断面上出现皮芯结构。外皮芯结构硬实，芯子结构柔软。外皮稳定化程度较高，内芯的稳定化程度较低。碳纤维的强度与模量主要取决于外皮的体积，如果芯子体积较大，则在碳化过程中会形成中空或产生许多空洞。一般认为，外皮体积在 86%以上才算预氧化已完成。

7.3.1.3 碳化

碳化是预氧化纤维在张力下，在 300~1500℃的温度下，在氮气（纯度大于99.99%）保护下进行的热解反应。将结构小、不稳定部分与非碳原子（如 N、H、O 等原子）裂解出去，同时进行分子间缩合（横向交联反应），最后得到碳含量达 92%以上的碳纤维，结构向石墨晶体转化。

碳化工序是碳纤维生成的主要阶段。除去大量的氮、氢、氧等非碳元素，改变了原 PAN 纤维的结构，形成了碳纤维。在碳化的过程中，施加张力使石墨晶体沿纤维方向取向，抑制横向交联反应产生的收缩。在此阶段，除了释放氢、氮、氧外，还有甲烷、二氧化碳、氨、氢氰酸等逸出。这些气体必须迅速排除，不然冷凝下来粘到纤维上，不但会妨碍纤维自身裂解产物的排除，而且会使纤维粘在一起产生过热，导致纤维断裂、毛丝增多、强度模量显著下降。为了排除这些裂解产物，必须使氮气畅通，其流向与丝束方向相反。碳化过程的横向交联反应如图 7-13 所示[5]。

PAN 纤维热处理的温度跟碳纤维的强度、弹性模量密切相关，温度越高，拉伸模量越大，其影响力度如图 7-14 所示[2,5]。

7.3.1.4 石墨化

在碳化过程中获得的碳纤维属于乱层石墨结构，石墨层片沿纤维轴的取向也较低，表现在弹性模量值不高，为获得高模量纤维就必须在碳化的基础上对它进行 2000~3000℃的高温处理。这就是所谓的石墨化。

石墨化处理是在氩气中进行的，不能采用氮气，因为氮气在 2000℃以上能与碳发生反应生成氰。在石墨化过程中残留的氮、氢等非碳元素进一步被排除，碳—碳重新排列，层面内的芳环数增加，层片尺寸增大，结晶态碳的比例增加。在石墨化高温下施加大张力（100~200g/束），碳纤维已足以产生塑性，使石墨层片向纤维轴向取向（石墨层面与纤维轴之间的夹角叫取向角 θ），并降低层间

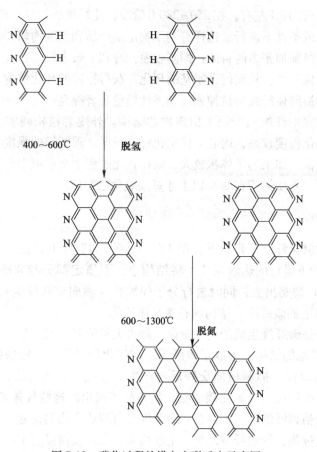

图 7-13　碳化过程的横向交联反应示意图

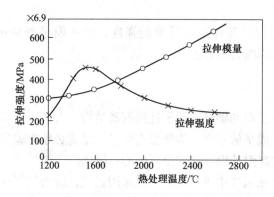

图 7-14　PAN 纤维热处理的温度跟碳纤维的强度、弹性模量的关系

距 d_{002}。通过石墨化处理，碳纤维的结构进一步向石墨晶体结构转化，石墨化程度提高，表现在石墨晶体尺寸、结晶度、取向角 θ、层间距 d_{002} 上，从而较大提

高了纤维的模量[3,5]。

随着石墨化温度的提高，碳纤维的弹性模量线性递增，断裂伸长率变小，拉伸强度降低。强度降低主要是由于在高温条件下进行石墨化处理时，碳纤维表面的碳可能蒸发，产生不均匀缺陷，导致质量减少，强度降低。另外，由于碳纤维是皮芯结构，随着石墨化程度的增加，使结构中原来的空隙尺寸增大，致使强度下降。

由于聚丙烯腈纤维在碳化后结构已比较规整，故石墨化时间一般只需几十秒或几分钟即可。为了限制强度下降率，通常采用牵伸下石墨化或高压下石墨化。当石墨化炉内气氛压力大于两个大气压时，碳纤维的强度比常压下大40%。

7.3.1.5 上浆与表面处理

碳纤维是含碳量高于90%的无机高分子纤维。其中含碳量高于99%的称石墨纤维。碳纤维的轴向强度和模量高，无蠕变，耐疲劳性好，比热及导电性介于非金属和金属之间，热膨胀系数小，耐腐蚀性好，纤维的密度低，X射线透过性好。但其耐冲击性较差，容易损伤，在强酸作用下发生氧化，与金属复合时会发生金属碳化、渗碳及电化学腐蚀现象。因此，碳纤维在使用前须进行表面处理。

碳（石墨）纤维制备过程中，纤维经碳化和石墨化处理后，碳含量高达96%~99%以上，表面惰性大大增加。为了改变其表面性能，提高与基体的结合能力，满足复合材料对纤维增强体的要求，碳化或石墨化纤维一定要经表面处理[5]，如图7-15所示。

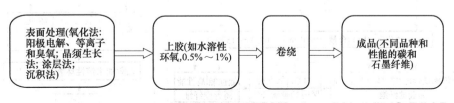

图 7-15　表面处理过程

表面处理方法较多，但其作用相同，一是使纤维表面形成凹坑和沟槽，提高了表面粗糙度；二是使纤维表面形成如酮基、羧基和羟基等含氧的活性官能团。两者对提高复合材料的层间剪切强度都是至关重要的。经表面处理后的纤维，再经上胶、卷绕等工序，最后生产出各种品种和不同性能的碳（石墨）纤维成品。

碳纤维质量好坏跟其结构密切相关，不同结构的碳纤维如图7-16所示。

7.3.2　碳纤维的其他制备方法

7.3.2.1　有机纤维法

有机纤维法制备碳（石墨）纤维的工艺流程如图7-17所示。有机纤维主要

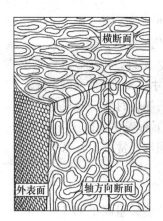

图 7-16　碳纤维的结构模型

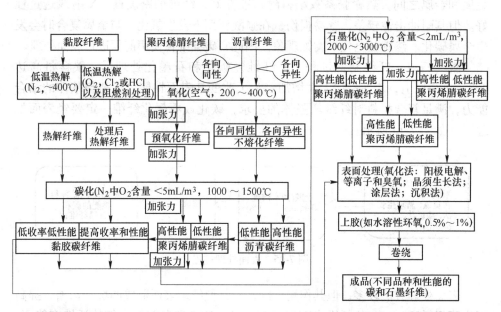

图 7-17　有机纤维法制备碳（石墨）纤维的工艺流程

包括黏胶纤维、沥青纤维、聚丙烯腈纤维[4,5]。

黏胶基碳纤维：由纤维素原料提取 α-纤维素（称为浆泊），用烧碱、二硫化碳处理，再溶解在稀氢氧化钠溶液中，成为黏稠的纺丝原液称为黏胶。黏胶经过滤、熟成、脱泡后，进行湿法纺丝，经凝固浴、水洗、脱硫、漂白、干燥等工序获得黏胶纤维。将黏胶纤维直接进行低温热解（400℃）、碳化（1500℃）、石墨化（2800℃），即可获得黏胶基碳和石墨纤维。

沥青纤维：先将焦油或沥青改性，脱除杂质和轻组分，经轻度缩聚得产物软化点为220~280℃，H/C原子比大于或等于0.6，呈现非触变性黏温行为，获得了各向同性沥青；另外将脱除杂质和轻组分的焦油或沥青加热到350℃以上，发生热解、脱氢、缩聚等化学反应，生成碳液晶（中间相小球），随着温度升高，小球互相碰撞和融并，形成各向异性大融并区，称之为各向异性沥青；然后将两种沥青进行熔融纺丝，可分别获得各向同性沥青纤维和各向异性沥青纤维[1]。

7.3.2.2 基板法

按催化剂导入反应系统内的方式，可将气相生长碳纤维制备方法分成两大类，即基板法（即籽种法）和气相流动法（即浮游催化剂法）。

预先将催化剂（金属微粒-铁、镍，金属盐溶液-硝酸铁）喷洒、涂布或溅落在陶瓷或石墨基板上，然后将载有催化剂的基板置于石英或刚玉反应管中，再将低碳烃或单、双环芳烃类与氢气混合导入反应管。在1100℃下通过基板，催化剂粒子上形成细小的碳丝，以30~50mm/min的生长速度，生长出直径1~100μm、长为300~500mm的碳纤维，称之为气相生长碳纤维。若以乙炔和氢气混合气为原料，在750℃的温度下通过金属镍板或细粒镍粉催化剂，则可长出螺圈状碳纤维。此法为间断生产，收率很低，约为10%[3]。

7.3.2.3 气相流动法

将低碳烃类，单、双环芳烃，脂环烃类等原料与催化剂（Fe、Co、Ni及它们的合金超细粒子）和载气氢气组成三元混合体系，在1100~1400℃高温下，Fe、Co、Ni等金属微粒被氢气还原为新生态熔融金属"液滴"，起催化作用，使原料气热解生成的"碳种子"——多环芳烃在液滴周边合成固体碳，并托浮起催化剂液滴，在铁微粒催化剂液滴下形成空心的直线型碳纤维；在镍微粒催化剂液滴下方则形成螺旋状碳纤维。此法可制备出直径0.5~1.5μm、长度数毫米、抗拉强度大于等于5000MPa、抗拉模量大于等于650GPa的气相生长碳（石墨）纤维[4]。

7.4 碳纤维的结构与性能

碳纤维是高级复合材料的增强材料，具有轻质、高强、高模、耐化学腐蚀、热膨胀系数小等一系列优点。

7.4.1 碳纤维的结构

材料的性能主要取决于材料的结构。结构包括化学结构和物理结构。理想的石墨晶体结构中，共价键键强度为150kcal/mol，模量为1035GPa，次价键键强度为1.30kcal/mol，模量为36GPa。石墨分子结构是层形结构，每层是由无限个碳六元环所形成的平面，其中的碳原子取 sp^2 杂化，与苯的结构类似。每个碳原子尚余一个未参与杂化的 p 轨道，垂直于分子平面而相互平行。平行的 n 个 p 轨道共 n 个电子在一起形成了弥散在整个层的 n 个碳原子上下，形成了一个 p-p 大 Π 键。电子在这个大 p 键中可以自由移动，即石墨能导电。所以石墨晶体是三维有序的各向异性材料，沿层平面方向具有非常高的模量，启发了试想发展层平面与纤维轴向一致的纤维材料，必须具有高模量，由此启发了碳纤维的问世[2]。

碳纤维 CF 的结构与石墨晶体结构有较大差异，如图 7-18 所示。

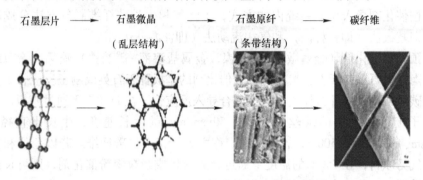

图 7-18　碳纤维 CF 的结构变化

碳纤维的结构组成：最基本的结构单元仍是石墨层片。二级结构单元为由数张到数十张层片组成石墨微晶。层片之间的距离为面间距 d_{002}。三级结构单元为石墨微晶再组成原纤维，直径 20nm 左右，长度数百纳米。原纤维呈现弯曲、彼此交叉的许多条带状结构组成，条带状的结构之间存在针形空隙，大体沿纤维轴平行排列。最后由原纤维组成碳纤维的单丝。碳纤维结构中的石墨原纤的取向度也影响着纤维模量的高低。

7.4.2　碳纤维的性能

7.4.2.1　力学性能

碳纤维是一种力学性能优异的新材料，它的相对密度不到钢的 1/4，碳纤维树脂复合材料抗拉强度一般都在 3500MPa 以上，是钢的 7~9 倍，抗拉弹性模量为 230~430GPa，也高于钢。因此 CFRP 的比强度即材料的强度与其密度之比可达到 2000MPa/ (g/cm^3) 以上，而 Q235 钢的比强度仅为 59MPa/ (g/cm^3) 左右，其比模量也比钢高。比强度越高，则构件自重越小，比模量越高，则构件的刚度越大，从这个意义上已预示了碳纤维在工程的广阔应用前景[2]。

碳纤维的力学性能特点是强度高、模量大。研究表明，影响碳纤维弹性模量的直接因素是晶粒的取向度。

从模量来看，碳纤维的模量随碳化过程处理温度的提高而提高，这是因为随碳化温度升高，结晶区长大，碳六元环规整排列区域扩大，结晶取向度提高。经2500℃高温处理后，称高模量碳纤维（或石墨纤维）——Ⅰ型碳纤维，其弹性模量可达400~600GPa，其断裂延伸率最低约0.5%。

从强度来看，碳纤维的强度随处理温度升高，在1300~1700℃范围内，强度出现最高值，超过1700℃后处理，强度反而下降，这是由于纤维内部缺陷增多、增大所造成的。碳纤维的强度与其内部缺陷有关，内部缺陷越大，强度越低。在1300~1700℃范围内处理的碳纤维称高强度碳纤维，或称Ⅱ型碳纤维。可见，Ⅰ CF 模量最高，强度最低，断裂伸长率最小，密度最大；Ⅱ CF 模量介质中，强度最高，断裂伸长率最大，密度最小。

碳纤维的应力—应变曲线是一条直线，属于脆性断裂，冲击性能差。几种碳纤维的应力—应变值比较如图 7-19 所示[2]。

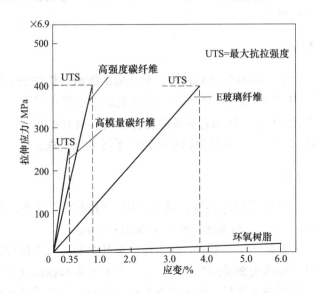

图 7-19 几种碳纤维的应力—应变曲线比较

7.4.2.2 热性能

碳纤维的耐高低温性能好，在隔绝空气下，2000℃仍有强度。从导热率看，导热系数较高，但随温度升高而下降，轴向导热系数为 0.04cal/(s·cm·℃)，径向导热系数为 0.002cal/(s·cm·℃)。

从碳纤维的热膨胀系数看，呈各向异性，轴向热膨胀系数为负值：$(-0.72 \sim -0.90) \times 10^{-6}℃^{-1}$，径向热膨胀系数为正值：$(32 \sim 22) \times 10^{-6}℃^{-1}$，基体树脂的线膨胀系数约为 $45 \times 10^{-6}℃^{-1}$，两者之间相差较大，所以碳纤维复合材料在固化后冷却过快，或经受高低温变化时，易产生裂纹。

7.4.2.3　黏结性能

碳纤维与树脂黏结性能较差。碳纤维的表面活性低，与基体材料的黏结力比玻璃纤维差，所以碳纤维复合材料的层间剪切强度较低。石墨化程度越高，碳纤维表面惰性越大。作为树脂基复合材料的碳纤维，需经过表面处理提高其表面活性。

7.4.2.4　氧化性

碳纤维在空气中，200～290℃就开始发生氧化反应，当温度高于400℃时，出现明显的氧化，氧化物以 CO、CO_2 的形式从其表面散失，所以 CF 在空气下的耐热性比 GF 差。利用能被强氧化剂氧化，将表面碳氧化成含氧基团，从而提高碳纤维的界面黏结性能。

7.4.2.5　耐腐蚀性

与碳相似，除能被强氧化剂氧化外，对一般的酸碱是惰性的。空气中温度高于400℃时，出现明显的氧化。碳纤维不像玻璃纤维那样在湿空气中会发生水解反应，其耐水性比 GF 好，故用它制备的复合材料具有好的耐水性及耐湿热老化特性。碳纤维还具有耐油、抗辐射以及减速中子运动等特性。

7.4.2.6　其他性能

碳纤维沿纤维方向的导电性好，其比电阻与纤维类型有关，在25℃时，高模量纤维为 $755\mu\Omega\cdot cm$，高强度纤维为 $1500\mu\Omega\cdot cm$。

碳纤维的摩擦系数小，并具有自润滑性。碳纤维是一种柔软的物质，当碳纤维在摩擦材料复合物的表面受到摩擦时，石墨会附着在摩擦面而形成转移膜。碳纤维不会熔化、变软或者变黏，因此它不会在摩擦面上形成黏结或结胶，能够有效地转移摩擦表面产生的热量。

7.5　碳纤维的应用领域

在日常生活中，碳纤维可加工成织物、毡、席、带、纸及其他材料。在多个领域都出现了碳纤维材料的身影，比如说滑雪板、棒球棒、赛车、自行车、电脑以及各种体育服装用品中。

在工业领域，传统使用中碳纤维除用作绝热保温材料外，一般不单独使用，多作为增强材料加入树脂、金属、陶瓷、混凝土等材料中，构成复合材料。碳纤维增强的复合材料可用作飞机结构材料、电磁屏蔽除电材料、人工韧带等身体代用材料以及用于制造火箭外壳、机动船、工业机器人、汽车板簧和驱动轴等。

汽车轻量化需求使得碳纤维复合材料在汽车领域的应用日趋广泛。碳纤维复合材料的应用可使汽车车身减轻质量 40%~60%，除可减轻质量外，因复合材料碰撞时减少了碎片的产生，大大提高了汽车安全性。风电领域对碳纤维的需求有所增长。国际的碳纤维叶片制造企业主要有通用电气公司（GE）、维斯塔斯公司（Vestas）、全球风电叶片巨头 LM 公司。我国的叶片制造企业主要有中材科技股份有限公司、中航惠腾风电设备股份有限公司，目前上述企业均在积极开展碳纤维风电叶片的研究与应用。碳纤维及其复合材料在飞机等领域也有较好应用。碳纤维与塑料制成的复合材料可用于制造飞机、卫星、火箭等宇宙飞行器，不但推力大而且噪声小。商用飞机对碳纤维需求驱动巨大，波音 787 的主机翼和机身均是碳纤维复合材料和玻璃纤维增强塑料。2017 年国产 C919 大型客机首飞，是民用大型客机首次大面积使用碳纤维材料，机身近 15% 为树脂基碳纤维材料，而传统大型客机中碳纤维材料的使用率只有 1%。建筑与桥梁的老化趋势明显，碳纤维复合材料用于建筑补强的市场也越来越大。国际上正在开展碳纤维增强水泥及碳纤维格栅增强混凝土的研究。

7.6 碳纤维制备新技术及发展趋势

7.6.1 碳纤维制备新技术

（1）高速干喷纺丝制备异形截面碳纤维前驱体纤维、预氧化纤维或碳纤维的方法。中国科学院山西煤炭化学研究所提出了一种高速干喷纺丝制备异形截面碳纤维前驱体纤维、预氧化纤维或碳纤维的方法。利用溶剂对丙烯腈类聚合物进行溶解，获得均匀的纺丝液，纺丝液通过喷丝孔形成纺丝细流后进入到低于纺丝液凝胶温度点的凝固浴组分中形成初生纤维，上述初生纤维经过牵伸、洗涤、干燥、上油后处理工序，得到碳纤维前驱体纤维。碳纤维前驱体纤维再经过预氧化和碳化得到预氧化纤维或碳纤维。

（2）一种制造高导热沥青基碳纤维的方法。山东瑞城宇航碳材料有限公司提出了一种制造高导热沥青基碳纤维的方法。1）向沥青中加入含硼元素的粉末，搅拌均匀，制得纺丝原料；2）将步骤 1）制得的纺丝原料经纺丝，制得初纺丝；3）将步骤 2）制得的初纺丝经氧化处理，然后碳化处理，再经石墨化处理即可。技术核心在于向沥青原料中添加含硼元素的粉末，然后将沥青纺丝、氧化、碳化、石墨化等一系列的特定条件下处理，得到高导热型沥青基碳纤维。硼元素的加入直接导致了碳原子的排列的变化，进而在确保制得的碳纤维在具有优良导热性能的前提下，降低了生产过程中的温度条件等要求，降低了生产成本。

（3）用于制造碳纤维的方法和装置。波音公司公布了一种利用聚丙烯腈材料和扁平化工序来制造碳纤维的方法和装置。将诸如聚丙烯腈聚合物这样的聚合物通过输出系统的多个开口挤出以形成多根细丝。可以向多根细丝中的每根细丝施加压力,以改变每根细丝的横截面形状,并在每根细丝上产生多个独特表面。例如,可以使每根细丝变扁平并延长以产生多个独特表面。多根细丝可以被转变成多根石墨碳纤维,并且多根石墨碳纤维中的每根都具有所述多个独特表面。可以将多种胶料施加至多根石墨碳纤维中的每根石墨碳纤维。例如,可以将第一种胶料施加至石墨碳纤维的一个表面,并且可以将第二种胶料施加至该石墨碳纤维的另一表面。这两种胶料可以同时或在不同时间施加至石墨碳纤维。

(4)氧化石墨烯共混聚丙烯腈高温碳化制造新型碳纤维的方法。五邑大学公开了氧化石墨烯共混聚丙烯腈高温碳化制造新型碳纤维的方法。1)石墨烯材料分散到溶剂中,磁性材料分散至聚丙烯腈聚合液中,制备石墨片/聚丙烯腈复合溶液;2)将步骤1)中的石墨片/聚丙烯腈复合溶液采用湿法纺丝或干喷湿纺工艺制备石墨片/聚丙烯腈复合溶液,经溶液纺丝,形成石墨片/聚丙烯腈复合纤维。该技术改善了常规碳纤维的脆性、柔性差的缺点,该碳纤维具有由高度取向的石墨片及其诱导产生的石墨微晶结构。该石墨微晶沿石墨片表面排列取向,该碳纤维具有有序程度大、结构致密、平均晶粒尺寸小和缺陷少的特点,使该碳纤维具有高柔性。该碳纤维还具有高导电性,高强度以及高导热性的特点。

(5)一种采用间歇式方法制备沥青基碳纤维的方法。西安天运新材料科技有限公司公开了一种采用间歇式方法制备沥青基碳纤维的方法。该方法将纺丝工序纺出的原丝匀速落入丝筐内,然后将装有原丝的丝筐放入不熔化炉内,整个过程保持丝筐水平移动,然后向不熔化炉充入压缩空气,进行不熔化处理;向碳化炉内充入惰性气体,对经间歇不熔化处理后的沥青基不熔化纤维进行炭化处理,得到沥青基碳纤维。该技术可有效规避连续式的丝束受损、性能波动、效率低下、成本较高的缺点。

(6)采用服用或废弃服用腈纶制备纳米碳纤维的方法。浙江理工大学提出了一种服用或废弃服用腈纶制备纳米碳纤维的方法。先将服用或废弃腈纶进行清洗、除杂、干燥预处理,然后采用良溶剂重新溶解该腈纶,并加入改性用金属盐,控制温度和时间,得到纺丝前驱体,经过纺丝、预氧化、碳化过程制备纳米碳纤维;改性用金属盐为醋酸钴、醋酸锰、醋酸锌、醋酸铁、醋酸镍、醋酸铜、醋酸镁、醋酸钠、氯化钴、氯化锌、氯化锰、氯化铁、氯化铜、氯化亚铜或氯化亚锡中的一种或两种。该方法原料为废弃物,具有能转变腈纶在预氧化过程中环化反应引发机理,同时能大幅度降低其环化反应起始温度的优点,节能环保。

(7)一种用于制备木质素基碳纤维的方法。广西大学公开了一种用于制备木质素基碳纤维的方法。该方法包括木质素分级、纺丝液配制、静电纺丝、热处理。该方法以造纸厂制浆黑液木质素为原料,有利于环境保护;从中提取适合纺丝的木质素组分,提取所用溶剂可回收循环利用,成本低,污染小;静电纺丝过程所用溶剂无毒无害,且不添加任何高聚物,避免了石油基化合物的使用,所制备的木质素基碳纤维材料是一种安全绿色环保的产品。

（8）高模量碳纤维及调控热稳定化纤维氧环结构制备高模量碳纤维的方法。北京化工大学提出了一种高模量碳纤维及调控热稳定化纤维氧环结构制备高模量碳纤维的方法。1）将聚丙烯腈共聚纤维在空气气氛下进行热稳定化处理，得到OC值为0.31~0.36的空气热稳定化纤维；2）将空气热稳定化纤维在氮气气氛下进行热稳定化处理，得到OC值为0.17~0.23的氮气热稳定化纤维；3）将氮气热稳定化纤维依次进行低温碳化、高温碳化和石墨化处理，得到高模量碳纤维，其中，$OC=f_0/CI$，式中：f_0 为热稳定化纤维中氧元素的质量分数，CI为热稳定化纤维的环化指数。由此，采用该方法可以制备得到拉伸强度在3815~4882MPa，拉伸模量在503~559GPa的碳纤维。

（9）一种连续碳纤维复合材料及其制备方法。清华大学深圳研究生院公开了一种连续碳纤维复合材料及其制备方法。连续碳纤维复合材料由包括含碳连续纤维、偶联剂、聚合物和固化剂的反应原料经混合、浸渍并固化制得。含碳连续纤维为石墨烯或碳纤维中的至少一种，偶联剂占所述反应原料质量分数为5%~15%，含碳连续纤维∶聚合物∶固化剂的质量比为（1~5）∶（1.5~10）∶1.5。制备步骤为：将含碳连续纤维与偶联剂、聚合物和固化剂混合、浸渍，在牵引装置作用下通过成型模成型，得到长纤维增强的管壳状材料，加热固化后得到所述连续碳纤维复合材料。该连续碳纤维复合材料具有优异的导热性能，是目前3D打印材料中导热性能最佳的材料，在高导热材料制造中具有良好应用前景。

（10）一种高强度煤系各向同性沥青基碳纤维的制备方法。湖南大学公开了一种高强度各向同性沥青基碳纤维的生产方法。以无灰煤为沥青前驱体，采用薄层蒸发的方法去除挥发份组分，控制沥青软化点在180~260℃，得到纺丝沥青，然后经熔融纺丝、预氧化、碳化工艺制备得到碳纤维；将煤炭与1-甲基萘按质量比1∶2~1∶10混合，在350~410℃，1~5MPa压力下进行溶剂萃取1~5h，再固液分离、热压过滤、溶剂回收后得到无灰煤。最后经熔融纺丝、预氧化、碳化等工艺制备其碳纤维。该技术以煤炭为原料，生产出具有优良性能指标的通用级沥青基碳纤维，拉伸强度高达1500MPa。

7.6.2 碳纤维制备发展趋势

（1）低成本高性能碳纤维是终极需求。对于低成本高性能碳纤维的研究，世界范围都还处于一个初步与关键的探索阶段。具有很大的提升空间和发展机遇，同时也面临着巨大的困难和挑战。其中新型碳质前驱体的探索和碳纤维生产工艺的优化是实现低成本高性能碳纤维的基础，开展各向同性沥青基碳纤维的研究是低成本高性能碳纤维研究和开发的源泉。持续深入研究，有望在低成本高性能碳纤维的研究和开发方面获得突破性进展。然而，我国的沥青基碳纤维正处于初步阶段，还未能实现其工业化。因此，以沥青物性（氧含量、相对分子质量分布、芳香度）的调控作为可纺丝性沥青及其高性能碳纤维制备的切入点，深入研究沥青物性、纤维结构形态和碳纤维力学性能之间的关联性，系统掌握其调控机理和工艺参数，有利于尽快发展我国的沥青基碳纤维技术，从而解决我国沥青基碳纤维的沥青原料纺丝性和稳定性的瓶颈问题[6]。

（2）加大木质素基碳纤维研发。储量丰富、碳含量高且价格低廉的木质素在制备低成本碳纤维方面有巨大的潜力和发展前景，尤其是工业硫酸盐木质素。尽管目前针对木质素的改性和木质素基碳纤维的制备工作已取得一定的进展，但与规模化 PAN 基和沥青基碳纤维相比，在研发的深度和应用的广度等方面仍显不足。未来可以从以下几方面入手提高木质素基碳纤维的性能：1）从源头出发，改进木质素的提取方法，在浆液中分离时可以将分子量进行分级提取；2）探索工业木质素的提纯方法，利用溶解度不同，将水洗转变为有机溶剂提纯，确保碳纤维原料有较高的纯度；3）与相容性较高的高聚物共混，提高木质素的熔融可纺性；4）尝试热处理与其他化学或物理方法共用，缩短木质素基纤维的预氧化时间；5）调节碳化牵伸力，进一步增强其力学性能，从而制备出可应用于实际的低成本木质素基碳纤维；6）对木质素复杂结构进行处理是提高木质素碳纤维强度的有效途径，开发更高效的木质素结构处理工艺将会是未来的一个研究热点；7）目前的木质素湿纺纺丝主要将聚丙烯腈与木质素简单接枝，但是接枝得到的产物结构往往是多支链的，这不利于碳纤维的性能。所以，制备木质素碳纤维纺丝原液时，开发高效线性木质素纺丝原液的合成方法可能成为一个新的研究课题；8）木质素的结构单元组成比例、化学键连接组成、分子空间构型等变量因素与木质素基碳纤维性质及加工过程中结构转化规律依然尚未明晰。因此，对于木质素的分级提取与结构解析成为木质素基碳纤维研究的另一个重要领域[7,8]。

（3）进一步深入研究 PAN 基碳纤维。我国在 PAN 基碳纤维的研究发展迅速，以 AN 为原料的 PAN 碳纤维生产工艺中，AN 原液的聚合、PAN 原丝制备、预氧化和碳化等工艺都会影响 PAN 基碳纤维的性能，未来 PAN 碳纤维或可从以下几个方面入手：1）原液聚合中，应寻找新型共聚单体，如采用抗氧化剂，制备出具备强耐热性的新型 PAN 原丝，从而跳过预氧化过程直接碳化，降低能耗，提高产能。2）原丝生产中，要注意凝固浴溶剂的选择和牵伸工艺对聚合物分布的影响，以获得结构高度规整和氧化性能更好的 PAN 原丝。3）原丝预氧化中，针对碳纤维结构与抗拉强度和杨氏模量的关系设计方案，明晰结果以制备出微晶尺寸恰当、规整度高的高性能碳纤维。4）预氧化丝碳化过程中，将抗拉强度和杨氏模量作为目标函数，采取适合的实验方案，统计国内外已有的数据，建立不同工艺条件对目标函数影响的数学模型，从而确定最佳的工艺条件[9]。

（4）进一步深入研究酚醛基活性炭纤维（PACF）。应在现有制备 PACF 技术的基础上探索新方法，如引进新基团，令其可针对性吸附，赋予 PACF 更多特殊性能；进一步优化工艺，加强对碳化和活化温度、时间及通入活化气体的种类与体积比的优化研究，降低生产成本；优化原料树脂的结构，或增加酚醛树脂的范围，应用高相对分子质量、高邻位或热固性酚醛树脂制备 PACF，避开溶液固化过程、降低污染，将是 PACF 在未来一段时期内的研究方向[10]。

（5）强化碳纤维上浆剂研发。作为碳纤维核心助剂的上浆剂，我国目前还处于起步阶段，国外的技术封锁也一定程度上导致国内上浆剂发展缓慢。由于碳纤维市场的竞争和国际技术的封锁，我国如果要研发高端的碳纤维，就必须要开发具有自主知识产权的高性能碳纤维上浆剂，逐渐形成完整的碳纤维上浆剂、上浆工艺、上浆设备的研发体系，这样才能逐渐缩小与世界先进水平的差距。此外，绿色环保的乳液型热塑性上浆剂是未来的主流发展趋势。进一步从增强碳纤维与基体的相容性，使树脂基体与碳纤维界面产生化学键，构筑界面结晶等界面强化机理的角度出发，设计广谱型热塑性碳纤维上浆剂，提高热塑性树脂基复合材料的界面性能，进而提高复合材料的各项宏观性能，是接下来的研究重点。另外，尚存在上浆剂品种序列不全的问题，下一步应充实上浆剂种类及优化上浆工艺，研发适应于不同树脂体系及高温、湿热等苛刻服役环境的上浆剂将成为国产碳纤维应用的热点之一[8,11]。

（6）更加重视碳纤维表面改性。碳纤维表面改性技术已获越来越多关注，各种新的改性方法逐步应用到工程实践中。特别是针对热塑性复合材料，碳纤维表面改性技术获得了长足发展。但是，碳纤维表面改性与应用仍存在一些问题，如改性碳纤维表面吸附能力提升的机理和模型研究还不够深入；工业条件下，碳纤维表面 3D 结构重建受制于纤维本体稳定性不高、改性条件复杂等因素，距离实现连续化、批量化纤维表面可控重建与改性尚有不小差距。在碳纤维表面构建新的微纳米颗粒或线结构层，重新设计和构建表面形貌、组分和性能，可调控碳纤维与树脂间界面黏合作用。利用化学接枝法可以有效增加碳纤维的表面粗糙度，提高碳纤维与基体间的黏结力，保证碳纤维材料高强性能的有效发挥。表面构建和化学接枝是表面改性的两大发展方向。

（7）碳纤维切削加工技术需要进一步提升。碳纤维复合材料作为一种难加工材料，加工表面易分层和刀具易磨损一直是制约其高效加工的主要因素，以下几方面进一步研究是发展方向：1）加强 CFRP 切削加工的仿真研究，建立准确的切削力预测模型，深入切削热和刀具磨损的研究；2）研究强度高、耐磨损的刀具材料和涂层技术，提高 CFRP 切削刀具寿命；3）优化刀具几何参数和切削加工工艺参数，降低切削轴向力，这将是研究切削加工 CFRP 需要努力的方向[12]。

（8）碳纤维增强基材料研发具有广阔前景。1）碳纤维增强金属基复合材料最显著的特点是其极低的密度和超高的比强度，金属基复合材料仍没有像树脂基复合材料一样取得十分广泛的应用，主要原因：一是制备工艺复杂，设备要求高；二是性能存在很多不确定性，如疏松、气孔等严重恶化材料性能，且缺陷的控制困难。在试验中，提高碳纤维与金属基体之间的润湿性与结合力，从而提高复合材料的性能仍然是碳纤维增强金属基复合材料的重点与热点。2）碳纤维增强聚合物改性方法的研究因其成本高昂、反应剧烈、操作危险、会破坏纤维本身结构等原因还处于理论和实验室研究阶段，尚需开展更深入和广泛的工作将其应用于工业生产，以拓宽碳纤维增强聚合物在更多领域的应用。3）碳纤维增强环氧树脂基复合材料改善材料界面性能的方法较多，但每种方法都有各自的优缺点。仅追求复合材料的增韧效果简单易行，但韧性的大幅增长通常不利于其他性能的均衡，如工艺性、耐湿热性能等。综合考虑改性方法、界面理论、界面设计工艺参数来控制界面性能，寻求韧性、工艺性以及各种性能的平衡与优化。4）碳纤维增强热固性塑料的应用也十分广泛，但在成型及其性能方面的研究有待深入，其加工成型所造成的原料浪费、环境污染，回收困难等问题尚未得到解决。

（9）碳纤维的应用领域将进一步扩展。碳纤维长期以来仅被应用于航空航天领域的状况在近十几年得到了较大的改善，制备成本的降低和生产效率的提高使得科学界有机会探索碳纤维在新兴领域中发挥关键作用的可能性。业界已在催化剂载体、电池产品、吸附剂及抗电磁干扰等领域引进碳纤维并取得了理想的实验结果，但离真正投入应用还有较大的差距。目前，国内对碳纤维的应用研究严重滞后于国外，未来必须加大这方面的投入力度，并积极思考与探索碳纤维在更多前沿领域中的应用机遇。

参 考 文 献

[1] 赵志凤. 炭材料工艺基础［M］. 北京：哈尔滨工业大学出版社，2017.

[2] ［日］稻垣道夫，［中］康飞宇. 炭材料科学与工程：从基础到应用 CARBONMATRIALS ［M］. 北京：清华大学出版社，2006.

[3] 贺福. 碳纤维及其应用技术［M］. 北京：化学工业出版社，2004.

[4] 贺福，王茂章. 碳纤维及其复合材料［M］. 北京：科学出版社，1995.

[5] 徐樑华. 聚丙烯腈基碳纤维［M］. 北京：国防工业出版社，2018.

[6] 蔡小平. 聚丙烯腈基碳纤维生产技术［M］. 北京：化学工业出版社，2012.

[7] 王成国，朱波著. 聚丙烯腈基碳纤维关键技术［M］. 北京：科学出版社，2011.

[8] 杨建校. 低成本高性能碳纤维的研究进展［J］. 高科技纤维与应用，2016（6）：6-11.

[9] 徐保明. 沥青基炭纤维制备方法研究进展［J］. 炭素技术，2017（5）：5-8.

[10] 刘兰燕. 木质素基碳纤维制备的研究进展［J］. 材料导报 A，2018（2）：405-411.

[11] 周剑. 炭纤维应用的研究进展［J］. 炭素技术，2018（2）：8-12.

[12] 周涛. 碳纤维增强金属基复合材料的研究进展［J］. 热加工工艺，2016（18）：31-37.

8 富勒烯的制备技术与进展

8.1 概述

富勒烯（Fullerene）是单质碳被发现的第三种同素异形体。任何由碳一种元素组成，以球状、椭圆状或管状结构存在的物质，都可以被叫做富勒烯，富勒烯指的是一类物质。富勒烯与石墨结构类似，但石墨的结构中只有六元环，而富勒烯中可能存在五元环。很像足球的球形富勒烯也叫做足球烯，或音译为巴基球，中国大陆通译为富勒烯，台湾地区称之为球碳，香港地区译为布克碳，偶尔也称其为芙等。管状的叫做碳纳米管或巴基管。

1985 年，Kroto 等采用质谱仪研究激光蒸发石墨电极粉末，发现在不同数量碳原子形成的碳簇结构中包含 60 个和 70 个碳原子的团簇具有更高的稳定性，于是提出由 60 个碳原子构成的稳定结构：由 12 个五元环和 20 个六元环组成的类似足球的空心球状结构（图 8-1），由于它是由 60 个碳原子组成的，所以称它为 C_{60}，同时将具有相似结构的这一类物质（如 C_{36}、C_{70}、C_{180} 等）命名为富勒烯[1]。

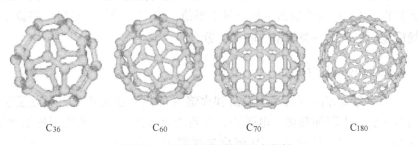

| C_{36} | C_{60} | C_{70} | C_{180} |

图 8-1 不同 C 原子数量的富勒烯

1996 年，诺贝尔化学奖授予来自英国的 Harold Kroto 和美国得克萨斯州的 Richard Smalley 和 Robert Curl，以表彰他们在 1985 年发现的巴基球——富勒烯，即 C_{60} 和 C_{70}。

C_{60} 属于碳簇（Carbon Cluster）分子；由 20 个正六边形和 12 个正五边形组成的球状 32 面体，直径 0.71nm，其 60 个顶角各有一个碳原子；C_{60} 分子中碳原子价都是饱和的，每个碳原子与相邻的 3 个碳原子形成两个单键和一个双键。五边形的边为单键，键长为 0.1455nm，而六边形所共有的边为双键，键长为 0.1391nm。整个球状分子就是一个三维的大 π 键，其反应活性相当高。C_{60}分子对称性很高。每个顶点存在 5 次对称轴。除了 C_{60}外，还有 C_{50}、C_{70}、C_{84}直至 C_{960}等，其中 C_{70}有 25 个六边形，为椭球状。富勒烯的笼状结构系列如图 8-2 所示。

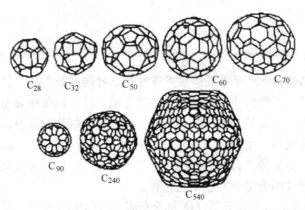

图 8-2　富勒烯的笼状结构系列

富勒烯是一种新发现的工业材质，它的特性是：硬度比钻石还硬；韧度（延展性）比钢强 100 倍；它能导电，导电性比铜强，质量只有铜的六分之一；它的成分是碳，所以可从废弃物中提炼。富勒烯的种类包括富勒体、巴克球、内嵌富勒烯等。富勒体（Fullerites）：是富勒烯及其衍生物的固态形态的称呼；巴克球：DFT 计算得到 C_{60}的电子基态在整个球上等值；内嵌富勒烯：是将一些原子嵌入富勒烯碳笼而形成的一类新型内嵌富勒烯[1]。

8.2　富勒烯的合成方法

富勒烯的合成方法有石墨蒸发法和火焰（加热）法两类。石墨蒸发法又具体包括激光法、电阻加热法、电弧法、高频诱导加热法、太阳能聚焦加热法等；火焰（加热）法又具体包括 CVD 催化热裂解法、苯火焰燃烧法、萘热裂解法、低压烃类气体燃烧法、有机合成法等。

8.2.1　激光法

激光法又名激光蒸发石墨法。1985 年 Kroto 等发现 C_{60}就是采用激光轰击石墨表面，使石墨气化成碳原子碎片，在氦气中，碳原子碎片在冷却过程中形成含富勒烯的混合物。由飞行质谱检测到 C_{60}的存在。但它只在气相中产生极微量的富勒烯。经研究发现 C_{60}可溶于苯（相似相溶）。随后的研究表明其中还包含着分子量更大的富勒烯。此后发现在一个炉中预加热石墨靶到1200℃可大大提高C_{60}的产率，但用此方法无法收集到常量的样品[2]。

8.2.2　电阻加热法

电阻加热法又名石墨电阻加热法。由于缺乏适当的宏量合成方法，在富勒烯发现后长达6年的时间里，人们对这些奇特分子的研究仅仅停留在质谱信号和理论计算上。直到1991年，Kratschmer和Huffman等采用电阻加热蒸发石墨的办法才首次实现了富勒烯C_{60}的宏量合成：在约100Torr（13332.2Pa）氦气气氛中，两根相互接触的石墨棒在电阻加热的作用下蒸发为气态的等离子体，等离子体在He气氛中碰撞冷却，最终得到C_{60}和C_{70}[3]。

此后，人们对这一方法进行不断地改进，使富勒烯的产率进一步得到提高，并且对合成得到的C_{60}、C_{70}进行了包括红外、拉曼在内的各种表征，证实了其对称性结构。

电阻加热蒸发石墨的方法虽然首次得到了宏观量的富勒烯C_{60}，但是在富勒烯的合成过程中，随着石墨阳极的消耗，两根石墨棒间的接触将逐渐消失，导致石墨棒间不稳定电弧的产生，最终影响了富勒烯的生成。

8.2.3　电弧法

美国Rice大学的Smalley等对电阻加热蒸发石墨的方法中出现的这一电弧现象进行了巧妙的改进，发展了一种被称为"接触电弧"放电的合成方法。"接触电弧"放电的合成方法，是在充满惰性气体的电弧反应腔体中，两石墨电极间无需保持真正的接触（存在一狭缝），通过调节弹簧使两电极间产生稳定的电弧，由此产生电弧等离子体。由于两电极靠得如此之近，以至分散在等离子区中的能量并没有损失，而是被电极所吸收，最终导致石墨电极的蒸发，产生的高温等离子体在氦气氛中碰撞冷却，得到高产率的C_{60}和C_{70}[4]。

电弧法生长机理是：首先形成小团簇，然后出现微粒，通过离子轰击，再开始石墨化，最后成为洋葱状富勒烯。制备时，一般先将电弧室抽成高真空，然后通入惰性气体如氦气。电弧室中安置有制备富勒烯的阴极和阳极，电极阴极材料通常为光谱级石墨棒，阳极材料为石墨棒，通常在阳极电极中添加铁、镍、铜或碳化钨等作为催化剂。当两根高纯石墨电极靠近进行电弧放电时，炭棒气化形成等离子体，在惰性气氛下小碳分子经多次碰撞、合并、闭合而形成稳定的C_{60}及高碳富勒烯分子，它们存在于大量颗粒状烟灰中，沉积在反应器内壁上，收集烟灰提取。

该法可用于制备C_{60}、C_{70}、碳纳米管、富勒烯内包金属微粒。设备阳极采用石墨棒或冶金焦、煤和沥青制成的炭棒，特别适于以煤为原料。影响因素主要是温度场分布。该法能宏观地制备富勒烯，所用设备简单。电弧法非常耗电、成本高，是实验室中制备空心富勒烯和金属富勒烯常用的方法[4]。电弧炉如图 8-3 所示。

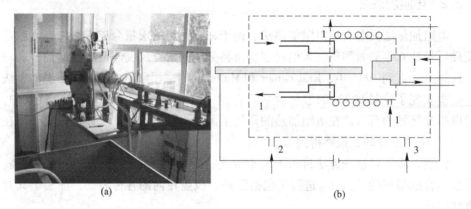

图 8-3 电弧炉设备（a）及其示意图（b）
1—冷却水；2—真空；3—氩气保护

进一步研究发现，通过对石墨电极进行适当的掺杂，能改变放电产物的相对组成。比如，当以 1% 硼掺杂的石墨为电极进行放电时，产物中 C_{60} 的含量由 8.85% 降为 2.75%，而高富勒烯，比如 C_{78} 和 C_{84} 的含量则提高了两个数量级[5]。

通过对反应装置的各项参数（包括石墨电极的间距、电源种类和输出功率、稀释气体的种类和压力、炭棒的尺寸及形状等）进行调整和优化，应用该方法可以得到高产率的富勒烯。目前，电弧放电法已成为富勒烯合成的最常用方法之一，特别是对于各种富勒烯新结构（共 60 余种）的合成，绝大多数是采用该法实现的。

8.2.4 CVD 催化热裂解法

CVD 催化热裂解法主要用于制备碳纳米管，合适实验条件可制备出富勒烯。反应过程为：有机气体+N_2 压入石英管，碳源在催化剂表面生长成富勒烯或碳纳米管。催化剂一般为 Fe、Co、Ni、Cu 颗粒。影响因素主要是反应温度、时间、气流量。所用设备简单，原料成本低，产率高，反应过程易于控制，可大规模生产。电阻加热 CVD 法实验装置如图 8-4 所示[2]。

8.2.5 苯焰燃烧法

苯焰燃烧法是指苯、甲苯在氧气作用下不完全燃烧的炭黑中有 C_{60} 和 C_{70}，通过调整压强、气体比例等可以控制 C_{60} 与 C_{70} 的比例，又称为火焰燃烧法。1987

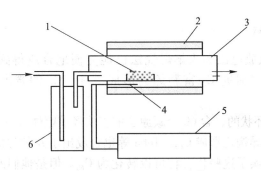

图 8-4 电阻加热 CVD 法实验装置

1—催化剂；2—电炉；3—石英管；4—热电偶；5—温度控制；6—气体混合

年 Homann 等在碳氢化合物的燃烧火焰中首次检测到 C_{60} 和 C_{70} 的质谱信号。1991年 Howard 等在苯/氧火焰不完全燃烧产物中发现和证实了 C_{60} 和 C_{70} 的存在。燃烧1kg 苯得到 3g C_{60} 和 C_{70} 混合物。

该法是将高纯石墨棒在用氩气稀释过的苯、氧混合物中燃烧，得到 C_{60} 和 C_{70}的混合物。改变温度、压力、碳和氧原子的比例及在火焰上停留的时间，可控制产率和产物中 C_{60}、C_{70} 的比率。进一步的研究表明，压力、C/O 比值、温度及稀释气体的种类和浓度等因素对 C_{60} 和 C_{70} 的产率以及比例都会产生影响：在苯/氧燃烧火焰中，调整燃烧条件，可使 C_{60} 和 C_{70} 的产率占烟灰总量的 0.003%~9.2%，C_{70}/C_{60} 比值为 0.26~5.7（蒸发石墨得到的 C_{70}/C_{60} 比值在 0.02~0.18）[2]。

由于火焰燃烧法具有可连续进料、操作简单的特点，该法已成为目前工业化生产富勒烯的主流方法。2001 年，大规模生产富勒烯的公司分别在美国和日本成立，其中日本的三菱公司宣称，基于火焰燃烧技术，富勒烯的年产量可达到上千吨。该法设备要求低，产率可达到 0.3%~9%，适用于大量工业生产。

8.2.6 太阳能聚焦加热法

太阳能聚焦加热法又称为太阳能石墨蒸发法。美国 Rice 大学的研究人员Smalley 等利用聚焦太阳光直接蒸发石墨的方法合成得到了较高产率的富勒烯。该法利用一个抛物镜面将太阳光聚焦到一直径为 0.4mm 炭棒的顶部，安装炭棒的耐热玻璃管内充有 50Torr（13332.2Pa）的氩气。从石墨棒顶端蒸发的碳被氩气带出太阳光照射区，沉积在耐热玻璃管的上部管壁。沉积物经收集、提取和分析，结果表明主要产物确实为 C_{60} 和 C_{70}[3]。

Smalley 等认为，利用聚焦太阳光蒸发石墨的方法，避免了电弧放电过程中的强紫外光辐射对富勒烯的光化学破坏作用，同时使碳蒸气到达缓冷区之前不会凝结成碳块，解决了石墨电弧或等离子体法中遇到的产量限制问题。

8.2.7　有机合成法

尽管石墨电弧放电法和火焰燃烧法已能方便地合成得到富勒烯，但化学全合成法合成 C_{60} 对研究 C_{60} 富勒烯的形成机理、C_{60} 的笼内外修饰都有重要意义。

Rubin 等认为环状的、含 60 个碳原子的多炔烃前躯体（如 $C_{60}H_6$）在一定的条件下能通过骨架异构化形成 C_{60}。Tobe 等也合成出了几种类似的大环炔烃前躯体，并在质谱中证实了这些化合物可以转化为 C_{60}。但是他们的实验都仅仅停留在质谱阶段，都未找到有效的化学合成途径来完成这关键的一步。

2002 年，Scott 等利用 12 步化学合成法得到含 60 个碳原子的多环碳氢化合物 $C_{60}H_{27}C_{13}$，并将真空闪速热解技术（FVP）引入到 C_{60} 的合成中，于 1100℃ 在石英管中得到 0.1% ~ 1.0% 的 C_{60}，首次成功实现了 C_{60} 的有机合成。利用 FVP 技术，其他高碳富勒烯，如 C_{78}、C_{84} 也可能通过有机合成的方法合成出来[4]。

8.3　富勒烯的提纯

富勒烯的纯化是一个获得无杂质富勒烯化合物的过程。制造富勒烯的粗产品，即烟灰中通常是以 C_{60} 为主，C_{70} 为辅的混合物，还有一些同系物。决定富勒烯的价格和其实际应用的关键就是富勒烯的纯化。

实验室常用的富勒烯提纯步骤是：从富含 C_{60} 和 C_{70} 的烟尘中先用甲苯索氏提取，然后纸漏斗过滤。蒸发溶剂后，剩下的部分（溶于甲苯的物质）用甲苯再溶解，再用氧化铝和活性炭混合的柱色谱粗提纯，第一个流出组分是紫色的 C_{60} 溶液，第二个是红褐色的 C_{70}，此时粗分得到的 C_{60} 或 C_{70} 纯度不高，还需要用高效液相色谱（纯度高，设备昂贵，分离量小）来精分[2]。

（1）Coustel 重结晶法。Coustel 等利用 C_{60} 和 C_{70} 在甲苯溶液中溶解度的不同，通过简单的重结晶法得到纯度为 95% ~ 99% 的 C_{60}。本方法第一次重结晶得到 C_{60} 的纯度约为 95%，通过二次重结晶得到的 C_{60}，纯度达到 98% ~ 99%。

（2）Prakash 法。由于 C_{70} 等高富勒烯对 $AlCl_3$ 的亲和力大于 C_{60}，据此，Prakash 将 C_{60} 与 C_{70} 的混合物溶入 CS_2 中，加入适量 $AlCl_3$，由于 C_{70} 等高富勒烯与 $AlCl_3$ 形成络合物，因而从溶液中析出。C_{60} 仍留在溶液中，如加入少量水，可有利于 C_{60} 的纯化分离，此法分离出的 C_{60} 纯度可达到 99.9%。

（3）Atwood 法。用环芳烃（$n=8$）来处理含 C_{60}/C_{70} 混合物的甲苯溶液，由于环芳烃对 C_{60} 独特的识别能力，形成 1∶1 包结物结晶。该结晶在氯仿中迅速解离，可以得到纯度大于 99.5% 的 C_{60}，从母液中得到富 C_{70} 的组分。C_{60} 的提纯如图 8-5 所示。

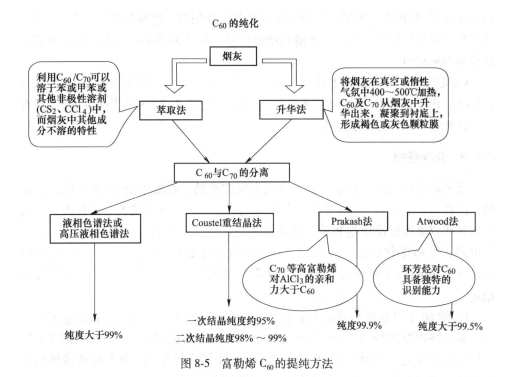

图 8-5 富勒烯 C_{60} 的提纯方法

8.4 富勒烯的性质

8.4.1 物理性质

以 C_{60} 为例，为黑色粉末状固体，密度 $1.65\pm0.05\mathrm{g/cm^3}$，熔点大于 $700℃$，微溶于二硫化碳、甲苯、环己烷、氯仿等溶剂中，不溶于一般的溶剂如水、乙醇中。其衍生物则显示出较大的溶解度范围，如氟的衍生物较 C_{60} 母体溶解性好得多，而溴的衍生物溶解性则不行；C_{60} 在脂肪烃中的溶解度随溶剂碳原子数的增加而增大[4]。

富勒烯在大部分溶剂中溶得很差，通常用芳香性溶剂，如甲苯、氯苯，或非芳香性溶剂二硫化碳溶解。纯富勒烯的溶液通常是紫色，浓度大则是紫红色，C_{70} 的溶液比 C_{60} 的稍微红一些，因为其在 $500\mathrm{nm}$ 处有吸收。其他的富勒烯，如 C_{76}、C_{80} 等则有不同的紫色。富勒烯是迄今发现的唯一在室温下溶于常规溶剂的碳的同素异形体。

有些富勒烯是不可溶的，因为它们的基态与激发态的带宽很窄，如 C_{28}、C_{36} 和 C_{50}。C_{72} 也是几乎不溶的，但是 C_{72} 的内嵌富勒烯，如 La2@ C_{72} 是可溶的，这是因为金属元素与富勒烯的相互作用。早期的科学家对于没有发现 C_{72} 很是疑惑，

但是却有 C_{72} 的内嵌富勒烯。窄带宽的富勒烯活性很高,经常与其他富勒烯结合。化学修饰后的富勒烯衍生物的溶解性增强很多,如 PC61BM 室温下在氯苯中的溶解度是 50mg/mL。

C_{60} 能在不裂解的情况下升华,其生成热 $\Delta H_{f0}(C) = 2280kJ/mol$,电离势为 2.61eV,电子亲和势为 2.6 ~ 2.8eV。C_{60} 的可压缩率为 $7.0×10^{-12} cm^3/dyn$,具有非线性光学特性,为分子晶体。

8.4.2　化学性质

富勒烯是稳定的,但并不是完全没有反应性的。石墨中 sp 杂化轨道是平面的,而在富勒烯中为了成管或球,其是弯曲的,这就形成了较大的键角张力。当它的某些双键通过反应饱和后,键角张力就释放了,如富勒烯的 [6,6] 键是亲电的,将 sp 杂化轨道变为 sp 杂化轨道来减小键张力,原子轨道上的变化使得该键从 sp 的近似 120° 成为 sp 的约 109.5°,从而降低了 C_{60} 球的吉布斯自由能而稳定[5]。

C_{60} 的 60 个 P 轨道构成的大 π 键共轭体系使得它兼具有给电子和受电子的能力。属于特别稳定的芳香族分子,含有 12500 个共振结构式,每个碳原子以 sp2.28 轨道杂化,类似于 C—C 单键和 C =C 双键交替相接,整个碳笼表现出缺电子性,可以在笼内、笼外引入其他原子或基团。

富勒烯不能发生取代反应,但其衍生物则可以。C_{60} 在一定条件下,能发生系列化学反应,如亲核加成反应、自由基加成反应、光敏化反应、氧化反应、氢化反应、卤化反应、聚合反应及环加成反应等。其中,环加成反应是富勒烯化学修饰的重要途径,迄今为止有关这一反应的报道在所有富勒烯化学修饰反应中是最多的,通过它可以合成多种类型的富勒烯衍生物。

富勒烯的 6—6 键可以与氢发生加成反应生成还原产物,即氢化反应。富勒烯可与卤素分子氟、氯、溴发生加成反应,即卤化反应。目前大概有 100 多种氟化富勒烯以及它们的衍生物被分离出来。

在热力学性质方面,差示扫描量热法(DSC)表明 C_{60} 在 256K 时发生相变,熵为 27.3J/(K·mol),归因于其玻璃形态—晶体转变,这是典型的导向无序的转变。相似地,C_{70} 在 275K、321K 和 338K 也发生无序转变,总熵为 22.7J/(K·mol)。富勒烯的宽的无序转变与从起始较低的温度的类跳跃式旋转向各向同性的旋转渐变有关。

8.5　富勒烯的应用

由于特殊的结构和性质,C_{60} 在超导、磁性、光学、催化、材料及生物等方面表现出优异的性能,得到广泛的应用。特别是 1990 年以来制备出克量级的

C_{60}，使 C_{60} 的应用研究更加全面、活跃。其应用领域包括电子学领域、生物医药领域、超导领域、大气与水处理领域、高能材料与太阳能电池领域、催化剂领域、激光科学领域、润滑领域等[4]，如图 8-6 所示。

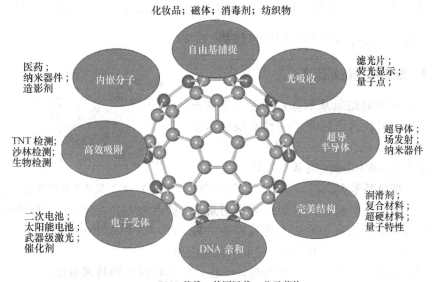

图 8-6　富勒烯的广泛应用

在生物医药领域，具有抗氧化和神经保护作用的富勒烯被认为是"清除自由基的海绵"，实验证明其可以有效减少神经元死亡。富勒烯这种神经保护的活性主要与其清除自由基（超氧阴离子、羟自由基）的能力有关。实验表明，多羟基富勒烯 $[C_{60}(OH)_n]$，又名富勒醇，是一种很好的抗氧化剂，清除自由基效率高，且其水溶好，可以自由穿过血脑屏障。可以降低原代培养的皮质神经元的凋亡水平，保护自由基对神经组织的损伤。

在超导领域，由于 C_{60} 分子本身不导电，但当碱金属嵌入 C_{60} 分子之间的空隙后，C_{60} 与碱金属的系列化合物将转变为超导体，如 K_3C_{60} 即为超导体，且具有很高的超导临界温度。与氧化物超导体比较，C_{60} 系列超导体具有完美的三维超导性，电流密度大，稳定性高，易于展成线材等优点，是一类极具价值的新型超导材料。

在高能材料与太阳能电池领域，以 C_{60} 为基础，经过物理化学处理，可能研发出未来的高能材料。氮系富勒烯 N_{60} 可能在下一代火箭推进剂得到应用。P 型共轭聚合物和 N 型富勒烯混合组成复合物，作为太阳能电池的薄膜材料，可提高光电转换效率。

在催化剂领域，可催化氢转移和硅氢化反应，催化烷烃裂解反应，催化 H_2-D_2

互换反应、催化耦合和烷基转移反应。

　　在润滑领域，理论研究表明：完全非公度下可实现超滑；实验研究表明：C_{60} 膜可使摩擦性能得到一定改善。C_{60} 用于润滑添加剂具有一定的极压和润滑性能。C_{60} 的衍生物 $C_{60}F_{60}$（俗称"特氟隆"）可作为"分子滚珠"和"分子润滑剂"。

8.6　富勒烯制备新技术及发展趋势

8.6.1　富勒烯制备新技术

　　（1）一种对烷氧基苯基富勒烯及其制备方法。西南科技大学公开了一种对烷氧基苯基富勒烯及其制备方法，如图 8-7 所示。利用优化的 Friedel-Crafts 烷基化反应，以六氯富勒烯、烷氧基苯为原料，二氯甲烷为溶剂，无水三氯化铝为催化剂，合成得到了对烷氧基苯基富勒烯。该富勒烯衍生物可作为一种新型富勒烯安定剂在固体火箭推进剂中获得应用。

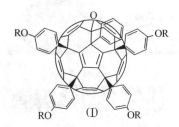

图 8-7　对烷氧基苯基富勒烯结构
（R 为 $-CH_3$, $-CH_2CH_3$, $-CH(CH_3)_2$, $-CH_2CH_2CH_3$, $-C(CH_3)_3$）

　　（2）一种富勒烯防晒霜及其制备方法。广州科恩生物技术有限公司公开了一种富勒烯防晒霜及其制备方法，由以下原料制成：1，3 丁二醇、丙二醇、生物糖胶 4、对羟基苯乙酮、癸二酸二异丙酯、辛酰羟肟酸、16-18 醇、吐温 60、奥克立林、富勒烯、二乙氨基羟苯甲酰基苯甲酸己酯、聚丙烯酸酯交联聚合物-6、黄原胶、乙二胺四乙酸二钠、亚甲基双-苯并三唑基四甲基丁基酚、MON-TANOV 68、红没药醇、环五聚二甲基硅氧烷、睡茄根提取物、苯基苯并咪唑磺酸、D-泛醇、乙基己基三嗪酮、生育酚乙酸酯、薰衣草纯露。其制备方法：先用部分原料制得不同的混合物，再用部分原料及混合物制得水相及油相，再将水相、油相混合搅拌并调节 pH 值，最后加入部分原料及混合物即得到本产品，具有极佳的防晒性能。

　　（3）牡丹肽-富勒烯的制备方法。大连美乐生物技术开发有限公司公开了一种具有优异的水溶性和生物相容性且可有效提高抗氧化活性及促有丝分裂作用的牡丹肽-富勒烯的制备方法：以海洋酸性蛋白酶、胃蛋白酶、木瓜蛋白酶配制的复合酶酶解牡丹种子细粉，得到冷冻粉，然后以所得到的冻干粉为原料，加入氨基酸混合物，再利用海洋酸性蛋白酶进行二次酶解，得到二次酶解冻干粉；将二次酶解冻干粉溶于去离子水中，再加入乙醇得到均相溶液；在氮气保护下，将所得到的均相溶液缓慢滴加到 C_{60} 的甲苯溶液中，搅拌后得到固体产物；将该固体产物用超纯水溶解后用截留分子量 3000Da 的透析袋在超纯水中进行透析，冷冻干燥得到牡丹肽-富勒烯。

　　（4）一种内包金属氮化物簇富勒烯及其制备方法。华中科技大学公开了一种内包金属氮化物簇富勒烯及其制备方法：在直流电弧炉腔体内通入空气，将空气作为氮源，对填充金属氧化物粉末和炭粉的阳极碳棒进行电弧烧蚀，得到原灰；对原灰进行分离，得到内包金属氮化物簇富勒烯。在空气体系下制备内包金属氮化物簇富勒烯，空气的无成本性必然会降低内包金属氮化物簇富勒烯的制备成本，同时，无需对电弧炉腔体真空处理，无需清洗气路，极大提高了制备效率。该制备方法最大的亮点是制备得到的内包金属氮化物簇富勒烯单位产量高，解决了低产这一长期制约内包金属氮化物簇富勒烯发展应用的难题。

（5）一种合成吨级富勒烯的连续燃烧生产设备及其合成方法。厦门大学提出了一种合成吨级富勒烯的连续燃烧生产设备及其合成方法。连续燃烧生产设备设有气体供应与流量控制系统、液体供应与流量控制系统、汽化及预热系统、燃烧炉体、燃烧器、雾化喷头、点火系统、滤罐、产物收集系统、真空控制系统、真空测量及显示装置和循环水冷系统。打开气体燃料供应管路，通过质量流量计调节至合适的流量，将点火系统的金属电极尖端置于燃烧器气体燃料出口附近，打开点火系统，电火花引燃气体产生火焰；启动真空泵组；打开液体原料供应管路；通过恒流泵调节至合适的流量；调节体系压力使其维持在 5000Pa 以下。采用扩散燃烧方式，体系抗干扰、抗波动能力更强，合成过程更为安全、稳定。

（6）一种利用富勒烯转移石墨烯的方法。东南大学公开了一种利用富勒烯转移石墨烯的方法：1）在附着于生长基底上的石墨烯上附着富勒烯薄膜，得生长基底-石墨烯-富勒烯复合结构；2）将生长基底-石墨烯-富勒烯复合结构放置于生长基底腐蚀液中，去除生长基底；3）清洗后得到洁净的石墨烯-富勒烯复合薄膜，将其置于目标基底上，得目标基底-石墨烯-富勒烯复合物；4）去除目标基底-石墨烯-富勒烯复合物中的富勒烯层，即得到附着于目标基底的石墨烯，完成转移。本发明采用富勒烯作为转移层，能够去除转移层时可减少引入的有机污染，保证将高洁净度的石墨烯转移到目标基底上，特别是转移在带有通孔的基底时，可以得到更完整的悬空石墨烯薄膜。

（7）一种富勒烯衍生物的用途。浙江大学公开了一种富勒烯衍生物的用途。n-型自掺杂富勒烯铵盐具有较好的生物活性，活性测试表明，在光照下该化合物对植物核盘菌和禾谷镰刀菌具有较强抑制活性，因此是一种潜在抗植物真菌药，具有制备抗菌药物制剂的用途。

（8）一种铂负载有机硅改性富勒烯及其制备方法和用途。清华大学深圳研究生院公布了一种铂配位有机硅改性富勒烯催化剂及其制备方法：1）制备有机硅单体格氏试剂；2）将有机硅格氏试剂加成到富勒烯上，得到有机硅改性富勒烯；3）以铂作为中心离子进行配位，得到铂配位有机硅改性富勒烯。该铂配位有机硅改性富勒烯催化剂应用于有机硅氢化硅烷化应用中，具有催化活性强，反应温度低，易分离、可回收的技术特点，应用方向包括导热、抑菌、封装、黏接等有机硅材料成型领域。

（9）一种新型 C_{70} 富勒烯晶体的制备方法。安徽大学公开了一种新型 C_{70} 富勒烯晶体的制备方法，是将 C_{70} 均三甲苯溶液与十二醇的异丙醇溶液混合，超声形成明显沉淀后离心，用异丙醇洗涤制得新型 C_{70} 晶体。通过引入十二醇，得到尺寸分布均一的 C_{70} 晶体。C_{70} 晶体既具有 C_{70} 单分子的特性，又能体现纳米晶体的优点，可以应用于光电、储能等领域。

（10）一种富勒烯酞菁类衍生物及其制备方法。中国科学院大学公开了一种富勒烯酞菁类衍生物及其制备方法和应用。该富勒烯酞菁类衍生物结构新颖，包括空心富勒烯和金属内嵌富勒烯中的至少一种，空心富勒烯的结构式为 C_{2m}，其中 m 为 15~50；可选的 m 为 30 或 35。过渡金属元素包括 Gd、Zr、Y、As、Tc、In、Cu、Ga、Co、Zn、Mn 或 Fe。在光照条件下更稳定，不易发生光漂白、光降解和聚集，光毒性强，暗毒性低。

8.6.2　富勒烯制备发展趋势

（1）富勒烯 C_{60} 的性能和应用研究进一步深入。进一步研究富勒烯 C_{60} 在光学反应活性、荧光性能、非线性光学特性、润滑性能、催化性能、超导性、生物相容性、抗氧化性等方面的优异性能，特别是富勒烯 C_{60} 在有机太阳能电池、催化剂及药物载体、超导材料等方面的应用。通过化学方法合成富勒烯 C_{60} 的单加成和多加成衍生物，制备不同晶态形貌的富勒烯 C_{60} 以及其衍生物的不同维度的微纳米材料，探究 C_{60} 纳米材料形成的生长机理以及其晶态形貌与性能关系，并根据其性能加以应用。随着研究的不断深入，相信未来富勒烯 C_{60} 的应用领域更为广阔[6]。

（2）氟化富勒烯的研究将逐渐受到重视。氟化富勒烯作为前驱体合成富勒烯衍生物，可设计合成多种具有较高电子亲和性与应用前景的富勒烯衍生物。与富勒烯相比，氟化富勒烯具有更好的电子亲和性，在氧化铟锡与活性金属表面具有很好的反应性，作为掺杂剂应用于金刚石、硅、石墨烯等电子传输设备以及有机半导体等电子器件中，能有效改善电子材料设备的电子性能。随着研究的深入，氟化富勒烯将会成为令人瞩目的研究领域[7]。

（3）富勒烯衍生物自组装技术将进一步提升。富勒烯衍生物自组装的研究已经取得了长足的进展，已经制备出了尺寸、结构、形貌可控的微纳米材料。今后的研究重点和发展方向为：1）目前，富勒烯衍生物自组装研究主要集中在富勒烯两性离子衍生物、吡咯烷衍生物和亚甲基衍生物上。其他新型的、具有特殊功能富勒烯衍生物的自组装也需要科研工作者关注与探索。2）系统地研究加成基团的个数和位置及其不同对富勒烯衍生物自组装行为的影响及规律，是科研工作者面临的一大挑战。3）富勒烯衍生物微纳米材料的性能与其尺寸和形貌结构有关，因此探索和建立微观结构与宏观性能关系的理论体系，是该领域面临的重点和难点[8]。

（4）聚焦富勒烯 C_{60} 衍生物纳米材料的研究热点。富勒烯 C_{60} 衍生物纳米材料制备及其应用研究是富勒烯研究领域的重要组成部分，其独特的性能受到广泛关注，今后富勒烯 C_{60} 衍生物纳米材料的发展方向和研究热点主要体现在以下几方面：1）探索研究不同的合成制备方法，得到粒径分布均匀、大小尺寸可控、晶态形貌规整的富勒烯 C_{60} 单加成和多加成衍生物的三维立体纳米材料。科研工作者已经通过一系列方法制备出了纳米颗粒、纳米纤维、纳米须、纳米线、纳米球、纳米网、微米花等富勒烯 C_{60} 衍生物纳米材料。但是，目前仍未制备出一维棒状、管状结构和二维片状结构的 C_{60} 衍生物纳米材料，因此创新合成制备 C_{60} 衍生物纳米材料的方法仍然是科研工作者探索的方向。2）进一步研究富勒烯 C_{60} 单加成和多加成衍生物纳米材料的结构、尺寸、形貌的控制与形成机理以及生长动力学，揭示富勒烯 C_{60} 衍生物纳米材料的晶态形貌和性能的关系。3）拓展富勒烯 C_{60} 单加成和多加成衍生物纳米材料在实际生产生活中的应用，例如抗氧化抗衰老化妆品、气体储存、新型高效催化剂、超导材料、原子级光开关等方面[9]。

（5）富勒烯基超分子复合材料的应用进一步拓展。富勒烯可以借助于氢键相互作用、配位相互作用等与聚合物、有机小分子化合物相复合而得到超分子复合材料。迄今为止，富勒烯基超分子复合材料作为富勒烯的一个重要应用领域，无论是合成方法还是应用方面都取得了显著的研究进展。富勒烯是一种具有良好实用化前景的新材料，而富勒烯基超分子复合材料又是一种具有独特结构性能的复合材料。因此，随着这方面研究的不断深入，富勒烯基超分子复合材料必将获得更大的发展。此外，未来超分子富勒烯的研究热点和发展方向可能主要在以下几个方面：一是协同多种超分子作用力，以获得更稳定、有序、可控的，并具有优良的光、电、磁效应的超分子体系，实现富勒烯基的超分子器件；二是用更方便、廉价和高效的方法构造具有特殊性能的新型富勒烯基自组装聚集态体系，实现液晶性、光电转化和光致能量转移等效果。

（6）富勒烯硫化反应研究前景广阔。富勒烯与原位生成的硫代双烯化合物、噻唑啉衍生物、二硫化物、芳基异硫氰酸酯、CS_2 等试剂可发生反应，硫化反应在扩大开孔富勒烯孔径及制备硫杂富勒烯方面应用较多，硫醇可与多卤化富勒烯反应制备多硫化富勒烯化合物。早期的富勒烯硫化反应经常采用结构复杂且不易获得的硫化试剂，随着研究工作的不断发展，简单常见的有机硫化合物如异硫氰酸酯和 CS_2 等逐渐用于富勒烯硫化反应。富勒烯硫化学是富勒烯化学的重要组成部分，相对于发展比较成熟的众多富勒烯领域，富勒烯硫化学仍处于初步的发展阶段，具有广阔的研究前景。

（7）富勒烯二聚体将得到开发与利用。富勒烯二聚体经过 20 多年的发展，已取得了极大进步。多种富勒烯二聚体被合成分离出来，某些具有特殊生物及光电性质的基团也可以连接到二聚体上，使得二聚体在应用方面也越来越广泛，在非线性光学、光电转换、自组装、分子电子开关等方面都表现出优异的性能。但是，富勒烯二聚体普遍存在溶解度低的问题，这极大地限制了其应用，且某些结构新颖的二聚体还存在产率低、分离困难等问题，开发与研究高溶解性、高产率的富勒烯二聚体是科研工作者努力的方向。二聚体的选择性修饰研究还较少，富勒烯二聚体的应用范围还需要进一步拓展与深入。

（8）富勒烯及其衍生物在医药领域的应用前景较好。富勒烯及其衍生物存在毒性问题，虽然通过化学修饰之后能减弱部分毒性，但却不能得到令人满意的结果，所以其用于体内给药还存在一定的风险及隐患。富勒烯及其衍生物还可以用于提高微波热疗对肿瘤的靶向性并减少其对周围组织细胞的损伤。由此可见，随着人类的不断研究与发现，富勒烯及其衍生物将会在更多的抗肿瘤方法中扮演重要的角色。除此之外，富勒烯及其衍生物在细胞保护、抗衰老、抗微生物、DNA 切割、酶抑制、基因载体、核医学成像、皮肤保健及头发滋生等方面也将得到更广泛而重要的应用。

（9）富勒醇的制备与性能研究具有重要意义。富勒烯作为一种非极性分子，C_{60} 难溶于水，仅能溶于非极性的有机溶剂中，限制了它在生物和化学领域的进一步应用。富勒醇作为富勒烯的多羟基衍生物，在提高 C_{60} 水溶性的同时，仍保有母体 C_{60} 的 π 键共轭体系，使其在分子结构上具有烯丙位羟基和电子亲和力，对生命科学、高分子材料等研究领域的发展具有重要意义[8,10]。

参 考 文 献

[1] 巴戈特. 完美的对称：富勒烯的意外发现 [M]. 上海：上海科技教育出版社，2012.

[2] 王春儒. 金属富勒烯：从基础到应用 [M]. 北京：化学工业出版社，2018.

[3] 沈海军. 新型碳纳米材料——碳富勒烯 [M]. 北京：国防工业出版社，2008.

[4] 刘雯. 液体放电制备纳米洋葱状富勒烯技术 [M]. 北京：国防工业出版社，2014.

[5] 赵玉翠. 可溶性富勒烯衍生物的制备与表征 [J]. 沈阳师范大学学报，2013(1)：25-27.

[6] 黄飞. 富勒烯 C_{60} 的性能及应用研究进展 [J]. 五邑大学学报，2017 (1)：24-28.

[7] 常伟伟. 富勒烯 C_{60} 衍生物自组装微纳米材料及其应用研究进展 [J]. 化工新型材料，2017 (5)：4-6.

[8] 乔畅. 富勒醇的制备与性能研究 [J]. 化工新型材料，2016 (11)：223-227.

[9] 孟祥悦. 聚合物太阳能电池中富勒烯受体材料研究进展 [J]. 科学通报，2012 (36)：3437-3449.

[10] 周成飞. 富勒烯基超分子复合材料的合成及应用研究进展 [J]. 合成技术及应用，2018 (3)：19-21.

9 碳纳米管的制备技术与进展

‹‹‹

9.1 概述

碳纳米管（CNTs），又名巴基管，是一种具有特殊结构（径向尺寸为纳米量级，轴向尺寸为微米量级，管子两端基本上都封口）的一维量子材料。碳纳米管主要由呈六边形排列的碳原子构成数层到数十层的同轴圆管。层与层之间保持固定的距离约 0.34nm，直径一般为 2~20nm。并且根据碳六边形沿轴向的不同取向可以将其分成锯齿形、扶手椅形和螺旋形三种。其中螺旋形的碳纳米管具有手性，而锯齿形和扶手椅形碳纳米管没有手性[1]。

1991 年，日本筑波的 NEC 实验室的科学家饭岛（Iijima）首次用高分辨电镜观察到了碳纳米管，在"Nature"发表文章公布了他的发现成果，这是碳的又一同素异形体。这些碳纳米管是多层同轴管，也叫巴基管（Bucky tube）。几乎与此同时，莫斯科化学物理研究所的研究人员独立地发现了碳纳米管和纳米管束，但是这些碳纳米管的纵横比很小。

单壁碳纳米管是由美国加利福尼亚的 IBM Almaden 公司实验室的 Bethune 等人首次发现的。1996 年，美国著名的诺贝尔奖获得者 Smalley 等合成了成行排列的单壁碳纳米管束，每一束中含有许多碳纳米管，这些碳纳米管的直径分布很窄。我国中科院物理所的解思深等人实现了碳纳米管的定向生长，并成功合成了超长（毫米级）的碳纳米管[2]。

在碳纳米管的分类上，按照管子的层数不同可分为单壁碳纳米管、多壁碳纳米管，如图 9-1 所示。管子的半径方向非常细，只有纳米尺度，几万根碳纳米管合并起来也只有一根头发丝宽，碳纳米管的名称也因此而来，而在轴向则可长达数十到数百微米甚至毫米。

单壁碳纳米管（single-walled nanotubes，SWNTs）是由一层石墨烯片组成，单壁管典型的直径和长度分别为 0.75~3nm 和 1~50μm，又称富勒管（fullerenes tubes）；多壁碳纳米管（multi-walled nanotubes，MWNTs）则含有多层石墨烯片，形状像个同轴电缆，其层数从 2~50 不等，层间距为 0.34±0.01nm，与石墨层间距（0.34nm）相当，多壁管的典型直径和长度分别为 2~30nm 和 0.1~50μm。

碳纳米管不总是笔直的，局部可能出现凹凸的现象，这是由于在六边形结构

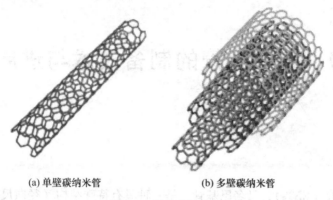

(a) 单壁碳纳米管　　　　(b) 多壁碳纳米管

图 9-1　碳纳米管结构

中混杂了五边形和七边形。出现五边形的地方，由于张力的关系导致碳纳米管向外凸出。如果五边形恰好出现在碳纳米管的顶端，就形成碳纳米管的封口。出现七边形的地方碳纳米管则向内凹进。碳纳米管分子表面存在凹凸现象，凹陷是由于七元环的影响，凸出则是由于五元环的影响。

碳纳米管依其结构特征可以分为三种类型：扶手椅形纳米管（armchair form）、锯齿形纳米管（zigzag form）和手性纳米管（chiral form），如图 9-2 所示。碳纳米管的手性指数（n，m）与其螺旋度和电学性能等有直接关系，习惯上 $n \geq m$。当 $n=m$ 时，碳纳米管称为扶手椅形纳米管，手性角（螺旋角）为 30°；当 $n>m=0$ 时，碳纳米管称为锯齿形纳米管，手性角（螺旋角）为 0°；当 $n>m \neq 0$ 时，将其称为手性碳纳米管。这些类型的碳纳米管的形成取决于碳原子的六角点阵二维石墨片是如何"卷起来"形成圆筒形的[3]。

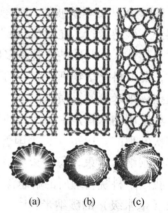

(a)　　(b)　　(c)

图 9-2　碳纳米管的三种形态
(a) 单壁纳米管；(b) 锯齿形纳米管；
(c) 手性纳米管

根据碳纳米管的导电性质可以将其分为金属型碳纳米管和半导体型碳纳米管：当 $n-m=3k$（k 为整数）时，碳纳米管为金属型；当 $n-m=3k \pm 1$，碳纳米管为半导体型。按照是否含有管壁缺陷可以分为完善碳纳米管和含缺陷碳纳米管。按照外形的均匀性和整体形态，可分为直管型、碳纳米管束、Y 型、蛇型等。

碳纳米管作为一维纳米材料，质量小，六边形结构连接完美，具有许多异常的力学、电学和化学性能。近些年随着碳纳米管及纳米材料研究的深入，其应用前景也不断展现。

9.2 碳纳米管的结构与性质

9.2.1 碳纳米管的结构

碳纳米管中碳原子以 sp 杂化为主，同时六角型网格结构存在一定程度的弯曲，形成空间拓扑结构，其中可形成一定的 sp 杂化键，即形成的化学键同时具有 sp 和 sp 混合杂化状态，而这些 p 轨道彼此交叠在碳纳米管石墨烯片层外形成高度离域化的大 π 键，碳纳米管外表面的大 π 键是碳纳米管与一些具有共轭性能的大分子以非共价键复合的化学基础[2]。

采用高分辨电镜技术对碳纳米管结构研究证明，多层纳米碳管一般由几个到几十个单壁碳纳米管同轴构成，管间距为 0.34nm 左右，这相当于石墨的 {0002} 面间距。直径：零点几纳米至几十纳米；长度：几十纳米至微米级；每个单壁管侧面由碳原子六边形组成，两端由碳原子的五边形封顶。

碳纳米管上原子排列方向的矢量表示如图 9-3 所示。单层石墨面结构以及如何卷曲形成碳纳米管如图 9-4 所示。碳纳米管是石墨面卷曲而成的无缝管状结构[2]。

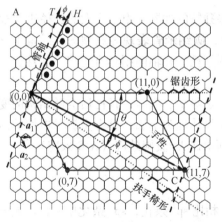
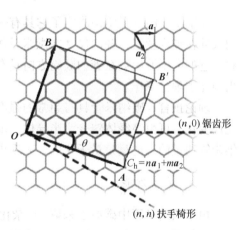

图 9-3 碳纳米管上原子排列方向矢量图　　图 9-4 单层石墨面结构及卷曲形成碳纳米管

图 9-4 中 a_1 和 a_2 分别是石墨面晶格元胞基矢，O 为原点。图中所示石墨面上 $OAB'B$（长方形）可以通过 O 与 A（O 和 A 为两个等价位）、B 与 B'（B 和 B' 为两个等价位）卷曲重合而形成纳米管。这样形成的碳纳米管轴的方向平行于 OB，圆周长大小为 OA。得到的碳纳米管可以用连接 O 点与 A 点的矢量 C_h 表示：

$$C_h = na_1 + ma_2，记为 (n, m)$$

这样，通过一对整数 (n, m) 就可以表征碳纳米管的结构，矢量 C_h 表示碳纳米管上原子排列的方向，C_h 与 a_1 之间的夹角为 θ。

　　不同的碳纳米管具有不同的手性指数 n，m 值和 θ 值。当 $n = m$，$\theta = 30°$ 时，形成单壁纳米管；当 n 或者 m 为 0，$\theta = 0°$ 时，形成锯齿形纳米管；θ 处于 $0°$ 和 $30°$ 之间，形成手性纳米管。

　　对多壁碳纳米管的光电子能谱研究结果表明，不论单壁碳纳米管还是多壁碳纳米管，其表面都结合有一定的官能基团，而且不同制备方法获得的碳纳米管由于制备方法各异，后处理过程不同而具有不同的表面结构。一般来讲，单壁碳纳米管具有较高的化学惰性，其表面要纯净一些，而多壁碳纳米管表面要活泼得多，结合有大量的表面基团，如羧基等。以变角 X 射线电子能谱对碳纳米管的表面检测结果表明，单壁碳纳米管表面具有化学惰性，化学结构比较简单，而且随着碳纳米管管壁层数的增加，缺陷和化学反应性增强，表面化学结构趋向复杂化。内层碳原子的化学结构比较单一，外层碳原子的化学组成比较复杂，而且外层碳原子上往往沉积有大量的无定形碳。由于具有物理结构和化学结构的不均匀性，碳纳米管中大量的表面碳原子具有不同的表面微环境，因此也具有能量的不均一性[3]。

9.2.2　碳纳米管的性质

　　碳纳米管的分子结构决定了它具有一些独特的性质。由于巨大的长径比（径向尺寸在纳米量级，轴向尺寸在微米量级），碳纳米管表现为典型的一维量子材料，它的电子波函数在管的圆周方向具有周期性，在轴向则具有平移不变性，大大纯化了理论工作。

　　理论预言，碳纳米管具有超常的强度、热导率、磁阻，且性质会随结构的变化而变化，可由绝缘体转变为半导体，由半导体变为金属；具有金属导电性的碳纳米管通过的磁通量是量子化的，表现出阿哈诺夫–波姆效应（A-B 效应）。

9.2.2.1　力学性能

　　由于碳纳米管中碳原子采取 sp^2 杂化，相比 sp^3 杂化，sp^2 杂化中 s 轨道成分较大，使碳纳米管具有高模量、高强度。碳纳米管的硬度与金刚石相当，却拥有良好柔韧性，可以拉伸。

　　碳纳米管的抗拉强度达到 50~200GPa，是钢的 100 倍，密度却只有钢的1/6，至少比常规石墨纤维高一个数量级。它是最强的纤维，在强度与质量之比方面，这种纤维是最理想的。工业上常用的增强型纤维中，决定强度的一个关键因素是长径比，目前材料工程师希望得到的长径比至少是 20∶1，而碳纳米管的长径比一般在 1000∶1 以上，是理想的高强度纤维材料。2000 年 10 月，美国宾州州立大学的研究人员称，碳纳米管的强度比同体积钢的强度高 100 倍，重量却只有后者的1/7~1/6。碳纳米管因而被称为"超级纤维"[4]。

莫斯科大学的研究人员曾将碳纳米管置于 10^{11} MPa 的水压下（相当于水下10000m深的压强），由于巨大的压力，碳纳米管被压扁。撤去压力后，碳纳米管像弹簧一样立即恢复了形状，表现出良好的韧性。这启示人们可以利用碳纳米管制造轻薄的弹簧，用在汽车、火车上作为减震装置，能够大大减轻质量。此外，碳纳米管的熔点是目前已知材料中最高的（预计 3652~3697℃）。

9.2.2.2 导电性能

碳纳米管上碳原子的 p 电子形成大范围的离域 π 键，由于共轭效应显著，碳纳米管具有一些特殊的电学性质。碳纳米管具有良好的导电性能，由于碳纳米管的结构与石墨的片层结构相同，所以具有很好的电学性能。理论预测其导电性能取决于其管径和管壁的螺旋角。

当碳纳米管的管径大于 6nm 时，导电性能下降；当管径小于 6nm 时，碳纳米管可以被看成具有良好导电性能的一维量子导线。有报道说 Huang 通过计算认为直径为 0.7nm 的碳纳米管具有超导性，尽管其超导转变温度只有 1.5×10^{-4} K，但是预示着碳纳米管在超导领域的应用前景。

碳纳米管的导电性能与手性指数 (n, m) 密切相关。对于一个给定 (n, m) 的纳米管：如果有 $2n+m=3q$（q 为整数），则这个方向上表现出金属性，是良好的导体，否则表现为半导体。对于 $n=m$ 的方向，碳纳米管表现出良好的导电性，电导率通常可达铜的 1 万倍[2]。

9.2.2.3 传热性能

碳纳米管具有良好的传热性能。碳纳米管具有非常大的长径比，因而其沿着长度方向的热交换性能很高，相对的其垂直方向的热交换性能较低，通过合适的取向，碳纳米管可以合成高各向异性的热传导材料。另外，碳纳米管有着较高的热导率，只要在复合材料中掺杂微量的碳纳米管，该复合材料的热导率将可能会得到很大的改善。

9.2.2.4 储氢性能

碳纳米管还具有储氢性能。氢气吸附位置：碳管表面、单壁碳纳米管的中空管腔和管束内的间隙孔、多壁碳纳米管中空管及其层间孔和堆积孔。吸附方式：物理吸附为主，也存在化学吸附。特点：安全、成本低、吸放氢条件温和。纯净的单壁碳纳米管的储氢量为 8%。

9.2.2.5 光学性能

碳纳米管具有卓越的发光性质，特别是稳定的发射光谱，很高的发光强度以及优秀的波长转换功能。电致发光方面具有低压、节能、稳定等优点。碳纳米管在可见光区的发光性质处于起步阶段。

9.3　碳纳米管的合成

常用的碳纳米管制备方法：电弧放电法、激光烧蚀法、化学气相沉积法（碳氢气体热解法）、固相热解法、辉光放电法、气体燃烧法、聚合反应合成法等[3]。

9.3.1　电弧放电法

此法是生产碳纳米管的主要方法。1991 年日本物理学家饭岛澄男就是从电弧放电法生产的碳纤维中首次发现碳纳米管的。基本原理是：电弧室充惰性气体保护，两石墨棒电极靠近，拉起电弧，再拉开，以保持电弧稳定。放电过程中阳极温度相对阴极较高，所以阳极石墨棒不断被消耗，同时在石墨阴极上沉积出含有碳纳米管的产物[4]。

电弧放电法的具体过程：将石墨电极置于充满氦气或氩气的反应容器中，在两极之间激发出电弧，此时温度可以达到 4000℃左右。在这种条件下，石墨会蒸发，生成的产物有富勒烯（C_{60}）、无定形碳和单壁或多壁的碳纳米管。通过控制催化剂和容器中的氢气含量，可以调节几种产物的相对产量。

该法理想的工艺条件是：氦气为载气，气压 50~60Pa，电流 60~100A，电压 19~25V，电极间距 1~4mm，产率 50%。Iijima 等生产出了半径约 1nm 的单层碳管。

电弧放电法的特点是：技术比较简单，但生成的碳纳米管与 C_{60} 等产物混杂在一起，很难得到纯度较高的碳纳米管，得到的往往都是多层碳纳米管，而实际研究中人们往往需要的是单层的碳纳米管，反应消耗能量太大。近年来，有些研究人员发现，如果采用熔融的氯化锂作为阳极，可以有效地降低反应中消耗的能量，产物纯化也比较容易。

9.3.2　化学气相沉积法（CVD 法）

即碳氢化合物催化分解法，又称为碳氢气体热解法，在一定程度上克服了电弧放电法的缺陷。其制备过程是：让气态烃通过附着有催化剂微粒的模板，在 800~1200℃的条件下，气态烃可以分解生成碳纳米管[3,5]。

该法突出的优点是：残余反应物为气体，可以离开反应体系，得到纯度较高的碳纳米管，温度也不需要很高，节省了能量。缺点是：制得的碳纳米管管径不整齐，形状不规则，并且在制备过程中必须要用到催化剂。

该方法的主要研究方向：希望通过控制模板上催化剂的排列方式来控制生成的碳纳米管的结构，已经取得了一定进展。

9.3.3 激光烧蚀法

该法的制备过程是：在一长条石英管中间放置一根金属催化剂/石墨混合的石墨靶，该管则置于加热炉内。当炉温升至一定温度时，将惰性气体冲入管内，并将一束激光聚焦于石墨靶上。在激光照射下生成气态碳，这些气态碳和催化剂粒子被气流从高温区带向低温区时，在催化剂的作用下生长成碳纳米管。

该法优点是：产率可达70%，产物主要是单壁碳纳米管，改变反应温度可以控制管的直径。缺点是：需要昂贵的激光器，耗费大。

9.3.4 固相热解法

该法制备的原理是使常规含碳亚稳固体在高温下热解而生长碳纳米管。优点：过程比较稳定，不需要催化剂，并且是原位生长；缺点：受到原料的限制，生产不能规模化和连续化。

9.3.5 燃烧火焰法

利用液体（乙醇、甲醇等）、气体（乙炔、乙烯、甲烷等）和固体（煤炭、木炭）等产生火焰分解其碳-氢化合物获得游离碳原子，为合成碳纳米管提供碳源；然后将基板材料做适当处理，最后将基板的一面向下，面向火焰放入火焰中，燃烧一段时间后取出。基板上的棕褐（黑）色即是碳纳米管或碳纳米纤维。产生碳纳米管或碳纳米纤维的过程主要决定于基板的性质。基板的选择和处理、燃料的选择等是本方法的关键技术[5]。

本方法的优点有：合成过程无需真空、保护气氛；无需催化剂；可以在大的表面上合成，特别适合于在一个平面上形成一层均匀的碳纳米管或碳纳米纤维薄膜；成本较低，对环境的污染也非常小；可以实现大批量合成。

9.3.6 催化裂解法

该法是在600~1000℃的温度及催化剂的作用下，使含碳气体原料（如一氧化碳、甲烷、乙烯、丙烯和苯）分解来制备碳纳米管的一种方法。此方法在较高温度下使含碳化合物裂解为碳原子，碳原子在过渡金属——催化剂作用下，附着在催化剂微粒表面上形成碳纳米管。催化裂解法中所使用的催化剂活性组分多为第八族过渡金属或其合金，加入少量Cu、Zn、Mg可调节活性金属能量状态，改变其化学吸附与分解含碳气体的能力。催化剂前体对形成金属单质的活性有影响，金属氧化物、硫化物、碳化物及有机金属化合物也被使用过[6]。

除以上方法外，还有离子或激光溅射法、聚合反应合成法等。溅射法虽易于连续生产，但由于设备的原因限制了它的规模。

9.4　碳纳米管的提纯

由于碳纳米管的制备过程中，通常都会同时生成富勒烯、石墨微粒、无定形碳和其他形式的碳纳米颗粒。这些杂质与碳纳米管混杂在一起，且化学性质相近，用一般的方法很难进行分离，给碳纳米管更深入的性质表征和应用研究都带来了极大的不便。因而一般都需要采取各种物理化学方法对制备所得的碳纳米管初产品进行纯化，得到纯度更高的碳纳米管。

碳管的提纯主要有两个过程：催化剂的去除；石墨微粒、无定形碳和其他形式碳纳米颗粒的去除[3,4]。

9.4.1　浓酸法

（1）去除催化剂。由于催化剂一般都是过渡金属或者镧系金属的氧化物，而载体一般都是 Al_2O_3、MgO 等。所以通常是用过量的酸与制备所得碳纳米管初产物充分反应，然后经过过滤、干燥等步骤，去除催化剂。缺点：需要很长时间，且会在碳管侧壁上修饰上一些由浓酸引入的基团，长时间处理也会导致部分碳管的损坏。

（2）去除石墨微粒、无定形碳和其他形式的碳纳米颗粒。采用合适的氧化剂将附着在管壁四周的碳纳米颗粒氧化除掉，从而只剩下碳纳米管。其机理是利用氧化剂对碳纳米管和碳纳米颗粒两者的氧化速率不一致完成的。碳纳米管的管壁由六边形排列的碳原子（即六元环）组成，六元环与五元环、七元环相比，没有悬挂键，因而比较稳定。在氧化剂存在的情况下，有较多悬挂键的五元环和七元环优先被氧化，而无悬挂键的六元环需要较长时间才能被氧化，碳纳米管的封口被破坏后，由六元环组成的管壁被氧化的速度十分缓慢，而碳纳米颗粒则被一层一层氧化。可供选择的氧化剂：空气或氧气流、高锰酸钾、硝酸等。在空气流下氧化是最为简便的常用方法。单壁碳米管由于只有一层管壁，因此其热稳定性相对多壁碳米管要差，在碳纳米颗粒的氧化过程中也氧化得比较厉害[5]。

9.4.2　微波辅助法

利用微波辅助在稀酸溶液中进行纯化。其优点是处理时间短（20min），而且在碳纳米管的侧壁上没有引入官能团，同时可基本去除无定形碳。微波辅助方法能够在较温和的条件下得到高纯度的碳纳米管，从而为制备纯化碳纳米管提供了一条简单快速的途径。

9.5　碳纳米管的应用

（1）超级电容器。碳纳米管比表面积大、结晶度高、导电性好，微孔大小可通过合成工艺加以控制，是一种理想的电双层电容器电极材料。由于碳纳米管具有开放的多孔结构，并能在与电解质的交界面形成双电层，从而聚集大量电荷，功率密度可达 8000W/kg。碳纳米管超级电容器是已知的最大容量的电容器。

（2）锂离子电池。碳纳米管的层间距为 0.34nm，略大于石墨的层间距 0.335nm，这有利于 Li$^+$ 的嵌入与迁出，它特殊的圆筒状构型不仅可使 Li$^+$ 从外壁和内壁两方面嵌入，又可防止因溶剂化 Li$^+$ 嵌入引起的石墨层剥离而造成负极材料的损坏。碳纳米管掺杂石墨时可提高石墨负极的导电性，消除极化。

在锂离子电池中加入碳纳米管，也可有效提高电池的储氢能力，从而大大提高锂离子电池的性能。根据实验，多壁碳纳米管锂电池放电能力达到 385mA·h/g，单壁管则高达 640mA·h/g，而石墨的理论放电极限为 372mA·h/g。

（3）储氢容器。氢气被很多人视为未来的清洁能源。但是氢气本身密度低，压缩成液体储存又十分不方便。碳纳米管自身重量轻，具有中空的结构，可以作为储存氢气的优良容器，储存的氢气密度甚至比液态或固态氢气的密度还高。适当加热，氢气就可以慢慢释放出来。研究人员正在试图用碳纳米管制作轻便的可携带式的储氢容器。

（4）模具。在碳纳米管的内部可以填充金属、氧化物等物质，这样碳纳米管可以作为模具，首先用金属等物质灌满碳纳米管，再把碳层腐蚀掉，就可以制备出最细的纳米尺度的导线，或者全新的一维材料，在未来的分子电子学器件或纳米电子学器件中得到应用。有些碳纳米管本身还可以作为纳米尺度的导线。这样利用碳纳米管或者相关技术制备的微型导线可以置于硅芯片上，用来生产更加复杂的电路。

（5）碳纳米管复合材料。基于纳米碳管的优良力学性能可将其作为结构复合材料的增强剂。研究表明，环氧树脂和纳米碳管之间可形成数百 MPa 的界面强度。

除做结构复合材料的增强剂外，纳米碳管还可作为功能增强剂填充到聚合物中，提高其导电性、散热能力等，如：在共轭发光聚合物中添加纳米碳管后，不但其导电率大大提高，强度也得到了改善。同时，由于纳米碳管在纳米尺度散热，避免了局部形成的热积累，可防止共轭聚合物中链的断裂，从而抑制聚合物的光褪色作用。

（6）导电塑料。将碳纳米管均匀地扩散到塑料中，可获得强度更高并具有导电性能的塑料，可用于静电喷涂和静电消除材料，目前高档汽车的塑料零件由于采用了这种材料，可用普通塑料取代原用的工程塑料，简化制造工艺，降低了成本，并获得形状更复杂、强度更高、表面更美观的塑料零部件，是静电喷涂塑料（聚酯）的发展方向。

由于碳纳米管复合材料具有良好的导电性能，不会像绝缘塑料产生静电堆积，因此是用于静电消除、晶片加工、磁盘制造及洁净空间等领域的理想材料。碳纳米管还有静电屏蔽功能，由于电子设备外壳可消除外部静电对设备的干扰，保证电子设备正常工作。

（7）电磁干扰屏蔽材料及隐形材料。碳纳米管是一种有前途的理想微波吸收剂，可用于隐形材料、电磁屏蔽材料或暗室吸波材料。碳纳米管对红外和电磁波有隐身作用的主要原因有两点：一方面，由于纳米微粒尺寸远小于红外及雷达波波长，因此纳米微粒材料对这种波的透过率比常规材料要强得多，这就大大减少了波的反射率，使得红外探测器和雷达接收到的反射信号变得很微弱，从而达到隐身的作用；另一方面，纳米微粒材料的比表面积比常规粗粉大 3~4 个数量级，对红外光和电磁波的吸收率也比常规材料大得多，这就使得红外探测器及雷达得到的反射信号强度大大降低，因此很难发现被探测目标，起到了隐身作用。由于发射到该材料表面的电磁波被吸收，不产生反射，因此达到隐形效果。

（8）微纳米器件。如纳米马达，最成功的例子是用双壁碳纳米管制作世界上最小的纳米马达，不过这类研究还停留在实验阶段，离应用还有距离。但是碳纳米管提供的可能性吸引了大量科学家，相信离实际应用不远了。又如纳米秤，碳纳米管上极小的微粒可引起碳纳米管在电流中的摆动频率发生变化，利用这一点，1999 年，巴西和美国科学家发明了精度在 10^{-17} kg 精度的"纳米秤"，能够称量单个病毒的质量。随后德国研制出能称量单个原子的"纳米秤"[6]。

（9）催化剂载体。纳米材料比表面积大，表面原子比率大（约占总原子数的 50%），使体系的电子结构和晶体结构明显改变，表现出特殊的电子效应和表面效应。如气体通过碳纳米管的扩散速度为通过常规催化剂颗粒的上千倍，担载催化剂后极大提高了催化剂的活性和选择性。

碳纳米管作为纳米材料家族的新成员，其特殊的结构和表面特性、优异的储氢能力和金属及半导体导电性，使其在加氢、脱氢和择型催化等反应中具有很大的应用潜力。碳纳米管一旦在催化上获得应用，可望极大地提高反应的活性和选择性，产生巨大的经济效益。

9.6　碳纳米管制备新技术及发展趋势

9.6.1　碳纳米管制备新技术

（1）一种细管径碳纳米管的制备方法。江西铜业技术研究院提出了一种细管径碳纳米管的制备方法：将铁离子与有机配体通过溶剂热法生成含铁的金属有机骨架化合物，经分离、洗涤、干燥后，浸润含稀土离子的溶液，随后在惰性气体中碳化获得负载有铁的多孔碳材料；接着以此直接作为固态碳源和催化剂，采用高温等离子体法从等离子体炬中喷出，通过高温将碳源和催化剂气化，随后下行冷却时生长碳纳米管。由于衍生的多孔碳材料能使原有的铁元素获得超细颗粒的均匀分布，且多孔碳有利于高温气化，为超细碳纳米管生长提供了超细纳米催化剂和高活性碳源，大大提高了细管径碳纳米管的生长效率，是制备细管径碳纳米管和单壁碳纳米管的有效手段。

（2）熔融盐法制备螺旋状碳纳米管及其制备方法。青岛科技大学提供了一种用熔融盐法制备螺旋状碳纳米管及其方法。将可溶性熔融盐应用于锰盐和三聚氰胺的煅烧过程。随温度升高，三聚氰胺碳化形成石墨相氮化碳，更高的温度导致氮化碳热分解的碳原子、氮原子聚集到锰盐纳米颗粒中，然后沉淀形成新的石墨层片，石墨层片卷曲形成碳纳米管。制备的螺旋状碳纳米管相较于直的碳纳米管因具有手性，不仅可显示金属和半导体行为，还能够显示半金属行为，可用作超导体。该螺旋状碳纳米管性能稳定，可用于电磁波吸收材料、生物分离、水处理、水体检测、食品安全检测、全解水、传感器燃料电池等领域。

（3）高纯度、窄直径分布、小直径双壁碳纳米管的制备方法。中国科学院金属研究所公开了一种高纯度、窄直径分布、小直径双壁碳纳米管的制备方法：采用浮动催化剂化学气相沉积法，以甲苯和乙烯为碳源，二茂铁为催化剂前驱体，硫为生长促进剂，氢气为载气生长碳纳米管。产物中双壁碳纳米管根数占碳纳米管总根数的50%~70%，其余为单壁碳纳米管。将产物在空气中热处理，氧化去除产物中的无定形碳和单壁碳纳米管，处理后双壁碳纳米管的根数占碳纳米管总根数的95%以上，且双壁碳纳米管结构完整，直径集中分布于1.8~2.3nm，集中氧化温度大于800℃。最终，实现高纯度、窄直径分布、小直径双壁碳纳米管的制备。

（4）一种高效制备一维碳纳米管/二维过渡金属硫族化合物异质结的方法。北京大学提供了一种高效制备一维碳纳米管/二维过渡金属硫族化合物异质结的方法。二维过渡金属硫族化合物包含二硫化钼、二硒化钼、二硫化钨等所有过渡金属硫族化合物。利用氢气或水蒸气高温退火去除碳纳米管上的无定形碳等杂质，在此基础上顺序生长二维过渡金属硫族化合物，得到一维碳纳米管/二维过渡金属硫族化合物异质结。通过简单操作，即可控制制备具有洁净界面与有效接触的一维碳纳米管/二维过渡金属硫族化合物异质结。

（5）耐弯折的碳纳米管/石墨烯复合薄膜及其制备方法。中国科学院苏州纳米技术与纳米仿生研究所公开了一种耐弯折的碳纳米管/石墨烯复合薄膜以及其制备方法和应用。碳纳米管/石墨烯复合薄膜具有多孔网状结构，复合薄膜包括由石墨烯片层膨胀形成的多孔结构以及碳纳米管，其中至少部分的碳纳米管分布于石墨烯片层之间形成三维网络结构。制备方法包括：在保护性气氛中对碳纳米管/氧化石墨烯复合薄膜依次进行碳化处理及石墨化处理，制得主要由碳纳米管与还原氧化石墨烯组成的耐弯折的碳纳米管/石墨烯复合薄膜。通过对碳纳米管/氧化石墨烯复合薄膜进行碳化和石墨化处理，利用碳纳米管在石墨烯片层之间形成三维网络结构，从而得到既具有很高的耐弯折性能，又具有很好的电磁屏蔽性能的碳纳米管/石墨烯复合薄膜。

（6）一种碳纳米管薄膜及其制备方法。华中科技大学公开了一种碳纳米管薄膜及其制备方法。首先，提供非阵列碳纳米管材料；接着对该非阵列碳纳米管材料进行机械牵伸处理以得到具有纳米凹槽结构的碳纳米管薄膜。其体积密度为520mg/cm^3，面积密度为 4.1mg/cm^2，碳纳米管间聚集程度小，轴向阵列度为0.3~0.68。该碳纳米管薄膜在各种水性电解液中不发生尺寸变化，且力学拉伸强度高达 700kPa，在外加单轴压力的作用下能够产生较大的电容变化，电容性能较好。

（7）一种碳纳米管/陶瓷基复合材料的制备方法。清华大学提供了一种碳纳米管/陶瓷基复合材料的制备方法，包括：1）将碳纳米管、水、分散剂、pH 调节剂混合，超声搅拌，得到碳纳米管悬浮液；2）将碳纳米管悬浮液、陶瓷粉体、水、分散剂、pH 调节剂混合球磨，得到混合悬浮体；3）将混合悬浮体经真空除气，注入模具，水浴处理，脱模得到复合陶瓷材料湿坯；4）将复合陶瓷材料湿坯进行干燥，得到复合陶瓷材料干坯；5）将复合陶瓷材料干坯进行烧结，得到复合陶瓷材料；其中，分散剂为异丁烯和马来酸酐的碱性水溶性聚合物，通过采用该分散剂，可以使碳纳米管和陶瓷粉体在相同条件下分散，碳纳米管在陶瓷坯体中分布均匀，从而制备出性能优良的复合材料。

（8）一种切断碳纳米管的方法。中国科学院山西煤炭化学研究所提供了一种切断碳纳米管的方法，其可以控制一定长度范围内可控切断碳纳米管，具体过程为：将碳纳米管先后在电解质溶液 1 和电解质溶液 2 中进行电化学氧化处理，电解质溶液 1 中处理时在表面引入缺陷，电解质溶液 2 中已有缺陷不断扩大形成空位，并实现切断。通过改变电解质的种类、浓度、电压、两极板距离和处理时间可以得到不同长度分布的碳纳米管。该方法具有原料易得、操作简单、环境友好、碳纳米管长度可控、结构性能较好保留、收率高的特点。

（9）一种超细碳纳米管及其制备方法。新奥石墨烯技术有限公司公开了一种超细碳纳米管及其制备方法。碳纳米管直径为 5~11nm，长度为 5~70μm，层数为 1~30 层，结晶度为 60%~80%，产率为 25~35 倍，粉末电导率为 5000~13000S/m，碳纳米管有序排列成阵列。制备方法包括：催化剂前驱体的制备；催化剂的制备；碳纳米管的制备。该方法能获得高转化率、高品质、低灰分、超细碳纳米管。

（10）一种控制碳纳米管直径的方法。厦门大学公开了一种控制碳纳米管直径的方法，该方法包括：1）将碳纳米管分散在溶剂中，取少量上层清液滴在加热芯片上并加热烘干以使得所述清液中的溶剂挥发而残留下碳纳米管；2）在真空环境下，利用所述加热芯片将碳纳米管加热至 800℃ 以上，之后利用电子束对碳纳米管进行辐照，通过碳纳米管直径的无损可控连续缩减，使碳纳米管达到预期直径。采用方法能够制备任意特定直径（小于初始直径）的碳纳米管，不仅可以对单根碳纳米管进行处理，还可以同时大批量处理多根碳纳米管，得到特定直径甚至最小直径的碳纳米管。

9.6.2　碳纳米管制备发展趋势

（1）直接气相沉积法合成碳纳米管纤维技术有待进一步完善。直接气相沉积法合成碳纳米管纤维的优势在于一步到位、简洁、快速，尽管影响反应过程的因素较多，但同时也说明了该法具有精细调节的可能性，通过精确调整各组分的质量分数、喂入速率、气流速度、反应温度等参数，可以制备样式繁多、性能各异的碳纳米管纤维产物。直接气相沉积法还有许多问题亟待解决，首先是提高催化效率；其次是改善碳纳米管排列，减少杂质，或掺杂开发复合材料；再者是优化反应的安全性与稳定性，减少原料中的有毒成分，规模化生产；还有就是进一步研究反应过程的流场，揭示影响碳纳米管生长和类似环形"袜筒"结构形成的深层机理，从而指导碳纳米管纤维制备，使精确控制产物的性能成为可能[7]。

（2）火焰法制备碳纳米管具有广泛的前景。火焰法制备碳纳米材料具有广泛的应用前景，碳基纳米材料的大规模生产关键在于开发具有可扩展性、可靠性、连续性和经济性的合成方法，火焰法合成碳纳米管具有满足这些特性的潜力。但是，碳纳米管火焰制备方法的完善和机理研究仍是目前的研究重点。首先，影响碳纳米管质量和产量的因素很多（如催化剂颗粒大小、碳源种类、温度、混合气体种类和比例等），在低成本的基础上连续批量工业化生产满足不同需求的碳纳米管仍是当前的首要问题；其次，制备碳纳米管的机理还不清楚，对碳纳米管的结构（直径、管长、螺旋线、管壁厚度、管表面上的石墨碳结晶度等）不能任意调节和控制，难以从机理上调控碳纳米管的生长；火焰法所制碳纳米管含杂质较多，后期提纯还需进一步优化[8]。

（3）金属催化剂控制生长单壁碳纳米管的方法亟待强化研究。单壁碳纳米管结构控制制备领域的每一次突破都伴随着新催化剂体系的发现和对旧生长机制理解的突破、传统观念的更新。为实现单壁碳纳米管的高产率、高纯度和高选择性控制制备，以下几方面工作亟待强化：1）碳纳米管手性定量表征标准和方法的确立。光学检测技术如 Raman 光谱、吸收光谱、荧光光谱等可以快速表征单壁碳纳米管的手性分布，但光学信号并非线性响应，难以定量分析。电子衍射可以准确标定单根单壁碳纳米管的手性，但费时、成本高、采样数小。手性定量表征标准的确立将有效提高数据的可靠性、可重复性，将生长机理的理解建立在扎实的实验数据基础上。2）原位技术的运用。单壁碳纳米管的生长过程是一个高温、多级、多尺度、动态的表面、界面反应与输运过程，普通方法难以实现其生长过程的直接研究。原位表征技术，例如环境透射电镜、Raman 光谱、同步辐射 X 射线可以对生长过程中的催化剂结构、单壁碳纳米管的结构以及二者的结构关联进行直接研究，将成为单壁碳纳米管生长机理和可控制备研究不可或缺的工具。3）高效催化剂设计准则。为了实现单壁碳纳米管生长过程的高产率、高纯度、高质量和结构控制，催化剂应该具有高催化活性、高温热稳定性、较高碳溶解度和较高碳扩散率。首先，催化剂对碳氢分子应具有较高的催化活性，使其可在低温度下生长，体现出不同手性的能量差异；其次，催化剂的较高熔点与热稳定性，有利于通过晶格匹配对特定手性碳纳米管形核，并在生长过程中保持稳定的生长前端界面；催化剂应具有较高的碳溶解度和较高的碳扩散速率，以获得较高产率[9]。

（4）加强碳纳米管薄膜制备与应用的机理研究。迄今为止，碳纳米管薄膜在湿环境中的力学性能控制机理尚未进行过精确描述，也未建立宏观的力学模型。对于碳纳米管膜用锂电池电极来说，薄膜要经受多个周期充放电循环以及外界的冲击力，这对碳纳米管薄膜的力学性能提出了新的考验。因此要对碳纳米管薄膜在外载作用下液体环境中 CNT 网络的变形机理，及毛细力、范德华力、表面张力等微观作用对薄膜力学性能的影响做出分析，从而为碳纳米管薄膜应用于诸多湿环境提供理论基础。

（5）碳纳米管复合材料的机理及工业化研究亟待加强。碳纳米管复合材料的研究在应用方面取得了巨大的进步，但是还有很多理论和机理以及产品的工业化仍然需要不断的探究。在今后的研究领域需要从以下几点着手：1）碳纳米管在传感器的应用研究已经相对较多，但是将碳纳米管复合印迹材料与电化学测试技术结合制备印迹传感器是近几年新兴方向，具有很好的应用前景，在后续的研究中可以集中研究印迹传感器的作用机理，为其应用提供理论支持；2）目前碳纳米管在载药微球的研究在国内研究相对较少，未来的研究应改善碳纳米管的生物相容性，提高其在有机介质中的分散性，从而提升其在载药微球方向上的应用价值；3）应用密度泛函数模拟探究碳纳米管复合材料能量和电子的走势，为碳纳米管复合材料制备提供理论依据和预见性；4）深入研究碳纳米管和催化材料的协同作用机理，开发价格低廉的新型催化剂，提高其实际应用价值；5）如何快速、高效地在有限的成本下大规模批量生产出所需要的性能优异的复合物，在接下来的工作中要继续探究性能优异的新型复合材料[10]。

（6）加强碳纳米管（CNT）/聚合物复合材料的研究。目前，通常采用 CNT 表面非共价功能化和共价功能化两种方法来提高 CNT/聚合物复合材料的界面结合性能。CNT/聚合物复合材料的研究尚处于初级阶段，首先，实验所测得的结果误差较大，难以准确地评价复合材料界面性能的优劣，因此，尚需开发先进的实验测试仪器；其次，关于 CNT/聚合物复合材料界面的微观相互作用机制尚不明确,尚需对其进行深入研究,在此基础上探索增强复合材料界面结合性能的新方法。此外,在导热性方面,CNTs/聚合物复合材料充分利用 CNTs 高导热、高长径比和聚合物易加工的优点,导热性好,轻质、柔韧、重复使用率高,在产品散热和传热部位具有十分广泛的应用前景。声子和电子导热是 CNTs/聚合物体系主要的导热机制。但是,复合材料热导率远低于预期值。从影响聚合物热导率的角度如 CNTs 用量、长度、管径、表面改性修饰、混杂粒子等角度出发,选择合适工艺均可改善热导率。采用特殊工艺,使得 CNTs 在基体内形成特殊的隔离结构,形成更多声子传递通路和在基体内形成 CNTs 定向排列的结构,以及从结构上调控合成本征导热高分子材料是未来制备高热导率聚合物基复合材料的主要研究和发展的重点方向。

(7) 聚苯胺/碳纳米管复合材料的研发有待深入。随着对聚苯胺(PANI)/CNTs 复合材料的不断深入研究,未来 PANI/CNTs 复合材料的研发将主要关注以下几个方面:1) 优化制备方法,提高 CNTs 与 PANI 间的相容性,改善 CNTs 的分散性,进而制备 CNTs 加入量少且能保持较高功率和比电容的 PANI/CNTs 复合材料;2) 通过定量分析,研究 CNTs 对 PANI 复合材料电性能的影响规律,探讨多元组分下 CNTs 与 PANI 间的协同作用机理;3) 采用化学法制备复合材料的最大挑战是原料在反应介质中的分散性问题,所以对 CNT 的可控功能化改性是提高其在反应介质及在 CNT/PANI 复合材料中的分散性的关键;4) CNT 的异质属性是今后开发 CNT/PANI 复合材料的最大缺陷。因此,CNT 的可控合成和得到高纯化产物,将拓展其在传感器或超级电容器等新兴材料领域的应用,CNT 在 CNT/PANI 复合材料中的特性可控将是今后的研究重点。

(8) 加大碳纳米管增强纤维的工业化开发。目前将碳纳米管分散于树脂基体对于复合材料进行增韧的方法已经较为成熟,具有易于工业化生产等优点,但是此方法成本较高,不能高效利用 CNTs。今后应着重提高碳纳米管的利用效率,推进其工业化应用和发展。使用 CNTs 直接对于纤维或者预浸料进行改性的方法,能够较好地利用 CNTs,使得 CNTs 能够分布在纤维与树脂的界面或者预浸料层间,起到更好的架桥作用,增加裂纹扩展路径,从而起到抑制裂纹扩展,提高复合材料层间断裂韧性以及综合力学性能。但目前此类方法的工业化水平较低,应着眼于开发可工业化的方法并提高其成熟度。

(9) 加强碳纳米管组装技术研究。CNT 组装是制备 CNT 器件的关键,国内外对此进行了广泛研究。1) 介电电泳组装操作简单快速、稳定高效,但介电电泳组装在进一步提高控制精度和组装效率方面还有待于研究,在三维结构器件中的应用仍需扩展。2) CVD 法直接生长组装中,通过选择催化剂的沉积模式和改变工艺参数,可对 CNT 阵列进行有效控制,实现大规模生产,因为直接在基底上得到图案化的有序阵列,免去了后续人工复杂的操作过程。但 CVD 法制备的

CNT 阵列杂质较多、团聚现象严重等问题有待进一步解决。3）自组装在 CNT 薄膜制备中发挥着重要作用，制备的 CNT 薄膜可应用在光电器件、检测仪、传感器、复合材料等方面，但在进一步有效控制 CNT 薄膜厚度及密度、减少薄膜缺陷等方面还需要研究。4）通过组装，使得性能优异的 CNT 成为各种微纳器件不可或缺的功能元件，极大地拓展了 CNT 的应用领域，并在一定程度上实现了 CNT 的产品化。随着人们对 CNT 性能认识的不断提高与应用研究的不断深入，CNT 组装技术必将得到进一步的创新和发展[11]。

（10）碳纳米管互连技术真正应用尚需深入研究。由于已制备好的碳纳米管进行组装以及直接生长碳纳米管制作互连线的两种方法都具有随机性，不能完全按照互连电路要求得到互连线，使得碳纳米管互连线在性能和可靠性等方面不能满足使用要求。理想的单根单壁碳纳米管互连电路特性易于研究，但实际应用到电路中一般为多根碳纳米管的并联形式，而且多为多壁碳纳米管，电路特性极其复杂且难以预测。因此，要想真正地将碳纳米管互连应用到实际电路中，还需对碳纳米管的制备及组装技术进行更为深入的研究。

参 考 文 献

[1] 赵志凤. 炭材料工艺基础 [M]. 哈尔滨：哈尔滨工业大学出版社，2017.

[2] [日] 稻垣道夫，[中] 康飞宇. 炭材料科学与工程：从基础到应用 CARBONMATRIALS [M]. 北京：清华大学出版社，2006.

[3] 刘畅. 纳米碳管 [M]. 北京：化学工业出版社，2002.

[4] 任冬梅. 碳纳米管化学 [M]. 北京：化学工业出版社，2013.

[5] 张锦. 碳纳米管的结构控制生长 [M]. 北京：科学出版社，2018.

[6] 孙康宁. 碳纳米管复合材料 [M]. 北京：机械工业出版社，2010.

[7] 吉忠海. 金属催化剂控制生长单壁碳纳米管研究进展 [J]. 金属学报，2018（11）：1665-1682.

[8] 徐子超. 直接气相沉积法制备碳纳米管纤维的研究进展 [J]. 纤维技术，2019（6）：67-71.

[9] 韩伟伟. 火焰法制备碳纳米管研究进展 [J]. 过程工程学报，2019（1）：3-6.

[10] 贺新福. 碳纳米管/聚合物基导热复合材料研究进展 [J]. 化工进展，2018（8）：3038-3041.

[11] 张东飞. 碳纳米管制备及其复合材料导热性能研究进展 [J]. 集成技术，2019，（1）：79-87.